中国煤炭高质量发展丛书

主编 袁 亮

低渗煤层注水增效材料研发及性能评价

王 刚 王恩茂 黄启铭 著

科学出版社
北京

内 容 简 介

本书针对我国低渗煤层注水防灾效率不佳的问题，分析煤层注水效果的主控影响因素与作用规律，分别从强化煤层裂隙渗透性和改善煤体表面润湿性两方面入手，系统性地开展注水增效材料的研发与类别优选，并对各类材料的基础性能进行物理实验测试，提出包括压裂液、暂堵剂、纳米颗粒、微乳液等相关材料的适用条件，以及最优配方和剂量等制备参数。

本书可供矿业工程、油气工程等领域研究人员阅读使用，研究结果可为未来进一步发展安全、高效的煤层注水增效技术提供经验参考。

图书在版编目(CIP)数据

低渗煤层注水增效材料研发及性能评价 / 王刚, 王恩茂, 黄启铭著. 北京：科学出版社, 2025.3. -- ISBN 978-7-03-081395-4

Ⅰ.TD713

中国国家版本馆 CIP 数据核字第 2025F3U411 号

责任编辑：李 雪 罗 娟 / 责任校对：杨 赛
责任印制：师艳茹 / 封面设计：无极书装

科学出版社 出版

北京东黄城根北街 16 号
邮政编码：100717
http://www.sciencep.com

北京中科印刷有限公司印刷
科学出版社发行 各地新华书店经销
*

2025 年 3 月第 一 版　开本：787×1092 1/16
2025 年 3 月第一次印刷　印张：9
字数：210 000

定价：200.00 元

（如有印装质量问题，我社负责调换）

前　言

煤层注水是一种井下常见的技术工艺，主要起润湿煤体的作用，可以有效防治矿井粉尘、减少冲击地压等灾害的发生。然而，随着浅部煤炭资源的逐渐减少，开采深度逐渐增加，造成煤层地质构造更加复杂，所受应力增强，煤体孔裂隙在外部应力等多种因素的影响下减少，进而导致煤层注水时，液体难以进入煤体，润湿范围减小，达不到润湿煤体、防治灾害的目的。

针对该技术难题，结合现场经验，在液体中添加表面活性剂等增效材料可以有效降低液体表面张力，使液体更容易进入煤体微小孔裂隙中，促进煤层注水的效果。因此，研发低渗煤层注水增效材料，探究其性能参数，对煤层注水具有重要意义。

全书共七章：第1章阐述煤层注水目前的研究现状，总结现有研究结果；第2章通过渗流理论分析煤层注水的作用原理以及主控影响因素；第3章研发VES清洁压裂液，并对其进行性能评价；第4章优选压裂液，并探究阴离子压裂液对煤体渗透率的影响规律；第5章研发一种低密度新型水溶常温暂堵剂并分析堵漏性能；第6章研发纳米减阻流体，并分析其对煤层注水渗流的影响规律；第7章探究丙三醇微乳液对煤层渗流润湿及保湿特性的影响。

本书旨在提供多种促进煤层注水的增效材料及其性能参数，可供矿业工程、岩土工程、油气田开发工程及多孔介质材料传质传热等领域的科研人员以及高等院校的教师、研究生、本科生等参考。由于作者水平有限，书中不妥之处恳请读者不吝指正。

作　者

2024年10月

符 号 说 明

D_{eq}：等效孔径，μm

V_{pore}：单个孔隙体积，μm³

F：煤体孔裂隙三维连通度

V'：孔裂隙的总体积，pixel³

V：煤样的总体积，pixel³

φ_e：有效孔隙率，%

φ：煤体总孔隙率，%

T_{av}：平均迂曲度

$L_T(r)$：流体路径的实际长度

L_0：毛细管的特征长度

r：毛细管半径

D_T'：毛细管平均迂曲度分形维数

r_{max}：最大孔喉半径，μm

D_f'：煤样的体积分形维数

r_{min}：最小孔喉半径，μm

f：煤体坚固性系数

μ'：动力黏度系数，N·s/m²

ρ：吸入液相密度，kg/m³

ΔP：煤层注水两端压差，MPa

g：重力加速度，m/s²

k_1：修正系数

P_i：影响因素标准化后的所求值

Q_i：模型第 i 次运行输出值

Q_0：渗流量确定的平均值

P_0：各项影响因素标准化所求值的平均值

N：样本数量

η：破胶液残渣含量，mg/L

m_{1n}：空烧杯质量，mg

m_{2n}：盛有残渣烧杯质量，mg

V_0：压裂液用量，mL

H：压裂液的破胶残渣量，g/L

m_0：残渣的质量，g

v_y：压裂液所用的量，mL

K：岩心渗透率，μm^2

Q：流动介质的体积流量，cm^3/s

L：岩心轴向长度，cm

A：岩心横截面积，cm^2

μ：流体的黏度，mPa·s

γ_{SG}：固-气界面张力，mN/m

γ_{LG}：液-气界面张力，mN/m

γ_{SL}：固-液界面张力，mN/m

θ：界面接触角，(°)

v：渗流剂初渗流速，m/s

σ：渗流剂的表面张力，mN/m

r：渗透率对应的孔隙半径，nm

P_C：毛细管力，Pa

m_i：烘干 i 小时后试样的质量

m_1：煤样的初始质量

m_2：煤样完全润湿后的质量

w_i：烘干第 i 小时试样的保水率

目 录

前言
符号说明
第1章 绪论··1
 1.1 煤体孔裂隙结构注水渗流与润湿机制研究现状··································3
 1.2 煤层注水对矿山灾害的防治作用机理研究现状··································5
 1.3 深部低渗煤层注水增效技术发展历程与研究现状·······························8
 参考文献··10
第2章 煤层注水效果影响因素研究··14
 2.1 煤体有效连通孔裂隙结构表征研究···14
  2.1.1 煤体有效连通孔裂隙结构影响因素分析·····································14
  2.1.2 煤体有效连通孔裂隙结构分形理论研究·····································15
 2.2 基于分形理论的煤层注水微观渗流模型构建·····································17
 2.3 煤体结构影响注水效果的因素研究···18
  2.3.1 Morris筛选法··18
  2.3.2 主控影响因素定量分析··19
  2.3.3 基于Morris筛选法的煤层注水微观渗流模型简化·························21
  2.3.4 主控影响因素作用规律分析··21
 参考文献··25
第3章 VES清洁压裂液的配制及基础性能··26
 3.1 VES清洁压裂液配方的确定··26
  3.1.1 常见清洁压裂液主剂与辅剂的筛选···26
  3.1.2 实验药品及实验设备···27
  3.1.3 剪切黏度的实验与分析··28
  3.1.4 剪切稳定性的实验与分析···34
  3.1.5 无机盐使用量的确定···38
 3.2 VES清洁压裂液破胶方式优选···39
  3.2.1 强氧化剂的破胶性能···39
  3.2.2 阴离子表面活性剂的破胶性能···42
  3.2.3 水稀释的破胶性能··44
  3.2.4 烃类的破胶性能···45
 3.3 VES清洁压裂液的性能评价··48
  3.3.1 流变性分析···48
  3.3.2 滤失性分析···49
  3.3.3 润湿性分析···50

参考文献 ······52

第4章 阴离子压裂液优选及对煤样渗透率的影响 ······54
4.1 阴离子压裂液配制及优化 ······54
4.1.1 实验药物及规格 ······54
4.1.2 实验方法 ······55
4.1.3 BJ-2 和 KCl 质量浓度优化 ······56
4.1.4 KOH 质量浓度的确定 ······63
4.1.5 EDTA 质量浓度的确定 ······63
4.2 阴离子压裂液的性能评价 ······64
4.2.1 阴离子压裂液性能实验 ······64
4.2.2 煤油的破胶结果分析 ······65
4.2.3 除锈剂的破胶结果分析 ······67
4.2.4 汽油的破胶结果分析 ······68
4.2.5 柴油的破胶结果分析 ······70
4.2.6 阴离子压裂液滤失结果分析 ······72
4.3 阴离子压裂液对煤样渗透润湿的影响分析 ······73
4.3.1 煤样采集及基本数据 ······73
4.3.2 煤样接触角和渗透率测试 ······73
4.3.3 阴离子压裂液对煤样润湿影响分析 ······74
4.3.4 阴离子压裂液对煤样渗透率影响分析 ······75
参考文献 ······76

第5章 低密度新型水溶常温暂堵剂及堵漏性能 ······77
5.1 低密度水溶性暂堵剂的配置及优化 ······77
5.1.1 实验药物及规格 ······77
5.1.2 实验方法 ······78
5.2 暂堵剂性能评价 ······79
5.2.1 暂堵剂悬浮性测试以及体积密度测量实验 ······79
5.2.2 暂堵剂抗压性能测试实验 ······82
5.2.3 暂堵剂溶解性能测试实验 ······84
5.2.4 暂堵剂颗粒的红外光谱分析实验 ······85
5.3 暂堵剂封堵性能测试 ······87
5.3.1 主要实验设备 ······87
5.3.2 煤样采集及基本数据 ······87
5.3.3 煤样的制备 ······88
5.3.4 实验步骤 ······89
5.3.5 结果分析 ······89

第6章 纳米减阻流体制备及对煤层注水渗流的影响 ······94
6.1 纳米减阻流体材料制备及理化特性测试 ······94
6.1.1 纳米颗粒改性 ······94
6.1.2 改性纳米颗粒基础性能表征 ······95
6.1.3 纳米二氧化硅分散液的制备流程 ······97

6.1.4 SDS 对表面张力的影响 ···98
6.1.5 十八醇对表面张力的影响 ··99
6.1.6 二氧化硅浓度对表面张力的影响 ···100
6.1.7 纳米流体润湿性表征 ··100
6.2 室内煤层注水渗流实验 ···101
6.2.1 主要实验设备 ··101
6.2.2 煤样试件的制备 ··102
6.2.3 纳米流体渗流效果验证 ··106
6.3 多孔介质煤自发渗吸实验 ··107
6.3.1 实验方法 ···107
6.3.2 煤阶与流体对渗吸高度的影响 ··108
6.3.3 煤粉粒径对渗吸高度的影响 ···109
6.4 纳米减阻材料对煤层注水渗流的影响规律 ···110
6.4.1 纳米减阻流体在煤层中的适用性分析 ··110
6.4.2 纳米减阻流体注水增渗效果分析 ···111
参考文献 ···111

第7章 丙三醇微乳液对煤层渗流润湿及保湿特性的影响 ····························113
7.1 丙三醇微乳液对煤层润湿特性产生的影响 ···113
7.1.1 微乳液及试样制备 ···113
7.1.2 接触角与表面张力实验结果分析 ··114
7.2 微乳液及成分对煤层渗流特性的影响 ··116
7.2.1 型煤试样制备 ··116
7.2.2 渗流实验步骤 ··119
7.2.3 渗流实验结果及分析 ···120
7.2.4 润湿剂黏度测量 ··124
7.2.5 渗透率计算 ···124
7.3 微乳液及成分对煤层保湿特性的影响 ··126
7.3.1 实验准备 ···126
7.3.2 实验过程 ···126
7.3.3 实验结果及分析 ··127
参考文献 ···130

第 1 章 绪 论

我国是煤炭资源非常丰富的国家，煤炭储量位居世界第三。从 2016 年开始，我国煤炭产量呈现逐年增加的发展趋势(图 1-1)，且 2022 年我国煤炭产量达到 45.6 亿 t，较 2016 年增加了 11.49 亿 t。尽管我国在"十四五"规划中提出能源结构要进行转型，减少化石燃料的比重，加快清洁能源的建设，但是煤炭在能源结构中仍旧占据了很大的比重，未来相当长一段时间内，煤炭依旧是我国的主体能源[1-3]。

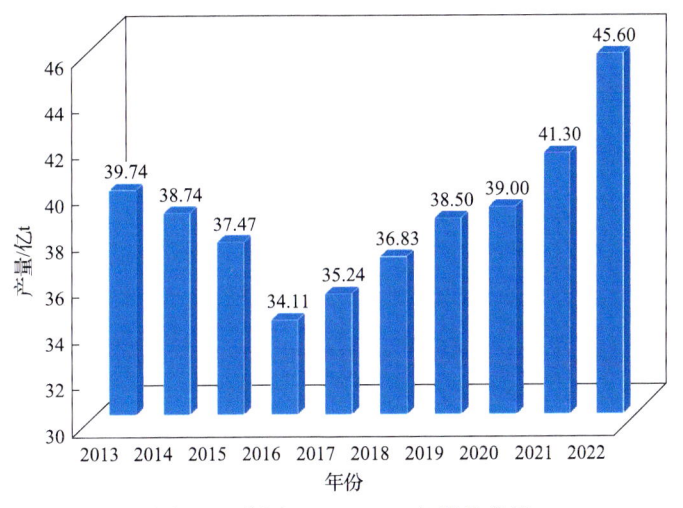

图 1-1 我国 2013～2022 年煤炭产量

同时，我国也是世界上煤矿灾害严重和灾害多发的国家。据统计，2013～2022 年煤矿事故数量和死亡人数变化趋势如图 1-2 所示。2013～2022 年煤矿事故共 2701 起，死亡人数共 4787 人。2013～2017 年，煤矿事故数量呈现逐渐降低的趋势，从 604 起降低到 219 起，降低了 63.7%。同时煤矿的死亡人数也在逐年降低，由 2013 年的 1067 人降低到 2017 年的 375 人，降低了 64.9%。表明煤矿安全监管监察部门和煤矿企业的安全意识不断提高，监管监察执法效能不断提高，防灾救灾能力不断提升，煤矿智能化建设不断加快，煤矿安全基础不断夯实。2017～2018 年，煤矿事故数量出现了小幅度的提高，由 219 起增加到 224 起，增加了 5 起，但是事故的死亡人数还是呈现出下降的趋势。从 2019 年至 2021 年，煤矿的事故数量和死亡人数继续呈现出降低的趋势，煤矿安全意识进一步提高，事故得到进一步控制，但 2022 年出现了较大的反弹，事故数量由 91 起增加到 168 起，增加了 84.6%，死亡人数由 178 人增加到 245 人，增加了 37.6%。

尽管从 2013 年来煤矿事故数量与死亡人数在逐年下降，但是每年仍有超过 100 人在矿井生产中遇难，因此对矿井灾害的防治依然非常重要。煤层注水作为一种有效的防灾减灾手段广泛应用于煤矿的安全生产中(图 1-3)，通过向煤层中打入注水钻孔，将压力水注入煤体中，增加煤体中的水分含量，从而改变煤的物理力学性质，预防冲击地压和煤与瓦斯突出等灾害事故的发生，且注入的水分能够润湿煤体，与煤体的原生粉尘结合，减少了开采过程中粉尘的产生，此外，煤层注水还具有降温防火的作用。

图 1-2　2013 年～2022 年煤矿事故数量和死亡人数

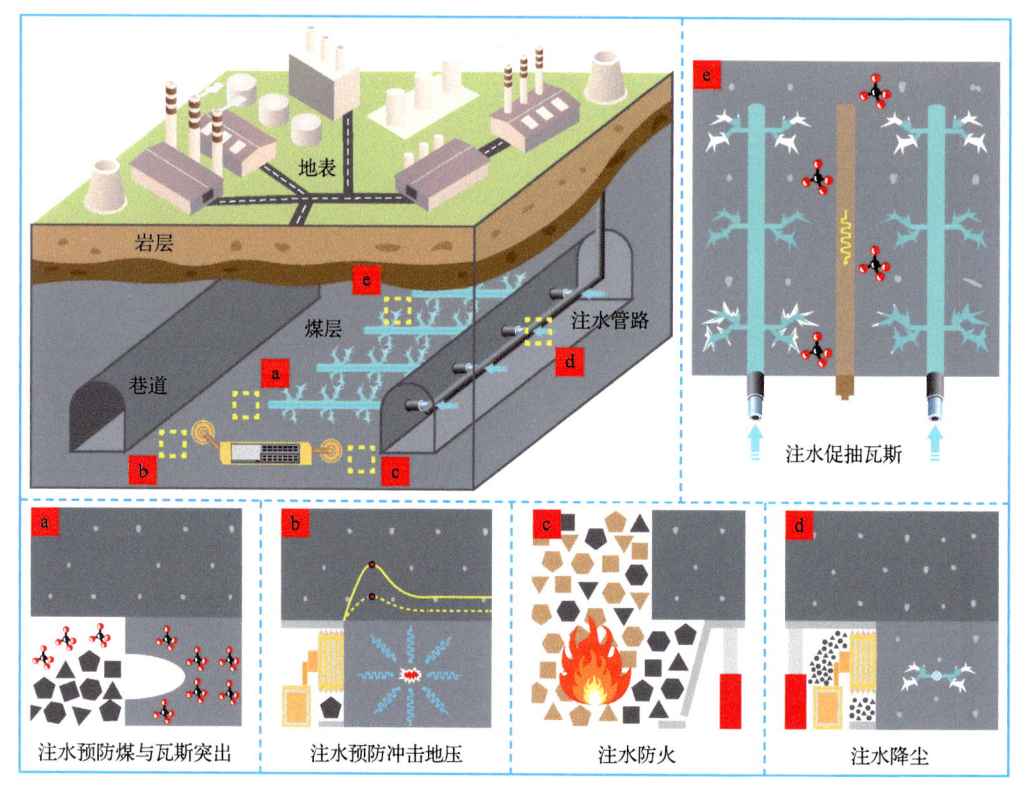

图 1-3　煤层注水防灾示意图

煤层注水是一项受多因素耦合作用的复杂工程，其作用效果往往受到流体和煤体力学性质以及工程扰动条件等复杂因素的影响。从煤体层面上讲，煤体自身的孔裂隙特征、物理力学性质等因素直接影响了煤层注水的实际效果和经济效益。同时，随着煤炭资源开采逐渐向深部转移，高地应力和高地温等深部地质环境通过影响成煤过程中孔裂隙的演变以及开采扰动下煤体孔裂隙扩展发育，间接性影响注水过程中孔裂隙结构流体的运移流动规律。从流体层面上讲，大采深导致煤矿渗透性急剧降低，煤层很难被润湿，煤层注水工作困难。煤孔隙率下降，水的表面张力过大，无法顺利铺展在煤层表面，致使注水无法透过微小裂隙，差的注水效果将导致水无法渗透过煤层，造成矿井粉尘、煤与瓦斯突出、冲击地压、高温火灾等安全问题无法有效解决。煤的表面具有疏水性质，煤的变质程度越高，疏水性能越强，导致水很难成功铺展在煤层表面而达到润湿煤层的目的。因此，改变煤体的渗流润湿特性，对于提高煤层注水效果具有十分重要的意义。

1.1 煤体孔裂隙结构注水渗流与润湿机制研究现状

孔隙和裂隙是煤中重要的组成成分，早期研究常将两者统称为孔隙[4,5]。随着研究尺度的不断细化，国内外学者已从发展尺度上对两者进行了区分，但目前学术界对两者的划分还没有统一的标准。主要依据孔隙对煤层气的吸附作用、孔径大小对瓦斯的影响、孔隙形态和孔隙结构特征、测试范围等方面进行了划分，目前国内常用的分级标准见表 1-1[6,7]。

表 1-1 煤孔隙结构分类表[6, 7]

学者(年份)	孔隙分类	孔径/nm	孔隙特征	划分依据
Ходот(1961)	微孔	<10	吸附毛细管凝结、物理吸附及扩散层流和紊流	孔径与气体分子的作用
	过渡孔	10~100		
	中孔	100~1000		
	大孔	>1000		
Dubinin(1966)	微孔	<2		气体赋存状态
	过渡孔	2~20		
	大孔	>20		
IUPAC(1966)	微孔	<2		气体赋存状态
	中孔(介孔)	2~50		
	大孔	>50		
Gan 等(1972)	微孔	0.4~1.2		孔容和测试方法
	过渡孔	1.2~30		
	粗孔	30~2960		

续表

学者(年份)	孔隙分类		孔径/nm	孔隙特征	划分依据
抚顺煤研所(1985)	微孔		<8		测试范围
	过渡孔		8~100		
	大孔		>100		
吴俊等(1991)	微孔		<5	气体容积型扩散孔隙 气体分子型扩散孔隙	孔径与气体分析的作用
	过渡孔		5~50		
	中孔		50~500		
	大孔		500~7500		
杨思敬等(1991)	微孔		<10	煤分子结构单元构成的孔中孔向微孔的过渡 煤岩显微组分构成的内孔及外孔样品残留微裂隙、微节理等外孔	孔隙赋存特征
	过渡孔		10~50		
	中孔		50~750		
	大孔		>750		
秦勇等(1995)	微孔		<15		孔径结构自然分布特征
	过渡孔		15~50		
	中孔		50~400		
	大孔		>400		
傅雪海等(2005)	扩散孔	微孔	<8	表面扩散	分形特征
		过渡孔	8~20	混合扩散	
		小孔	20~65	克努森扩散	
	渗流孔	中孔	65~325	稳定层流	
		过渡孔	325~1000	剧烈层流	
		大孔	>1000	紊流	
邹明俊等(2013)	微小孔		<75.6	依赖于孔隙比表面积发育:吸附孔 介于大孔和微小孔之间取决于孔隙的孔容:渗流孔	压汞实验和分析特征
	过渡孔		75.6~512.8		
	大孔		>512.8		

注：IUPAC 表示国际纯粹与应用化学联合会(International Union of Pure and Applied Chemistry)

从孔裂隙结构的角度研究水在煤体内的渗流情况可以很好地指导宏观煤层注水过程。孔裂隙结构作为水渗的主要场所成为提高煤层注水效果的研究重点。目前，已有较多学者针对不同特点的孔裂隙对渗流的影响规律展开了研究。Li 等[8]利用盒计数法量化了微裂隙网络平面的复杂性，探究了不同形态的孔裂隙对渗透率的影响，并指出长度为 498.26μm 的裂隙属于煤体的优势渗流通道。Liu 等[9]采用孔隙尺寸分形维数、喉道弯曲分形维数和最大孔径表征煤体微观结构，发现最大孔径对渗透率起决定作用。Ye 等[10]采用分形模型将气体的流动方程、煤的变形方程和渗流的热传导方程完全耦合起来，量化了煤体微观结构参数对其导热性、渗透性和瓦斯流动演化的影响。Ni 等[11]通过零法和 MATLAB 软件计算了不同尺度裂隙的渗透率，得出不同尺度裂隙对煤层渗透率的贡献由大到小依次为毫米裂隙、微裂隙和渗流裂隙。Hou 等[12]利用脉冲气体压裂法增大了低渗透煤的孔径尺寸分布，最终增大了煤的渗透率。基于孔隙率、孔径、迂曲度、分形维数等孔裂隙结构参数特点建立的渗透率模型可以从微观层面很好地预测煤层注水的难易程度。Wang 等[13]将煤的硬度系数、有效孔隙率、迂曲度分形维数和体积分形维数作为煤层注水的主控因素，并引入 Morris 筛选方法计算各主控因素的灵敏度，将煤层分为不可注水煤层、难注水煤层、相对易注水煤层和易注水煤层四类。李波波等[14]建立的煤岩体渗透率模型充分考虑了孔裂隙的分形维数，并通过实验验证了模型的准确性。Khamforoush 等[15]利用多边形裂隙模型研究了各向异性三维裂隙网络的逾渗阈值，Loucks 等[16]将裂隙形状假设为圆柱状和扁平状计算渗透率，发现计算结果存在差异。Singh 等[17]则总结出一种将裂隙形状等效为狭缝状和圆柱状计算表观渗透率的非经验模型，并提出有效渗透率实际上是不同形状裂隙各自渗透率的统计总和。Long 等[18]假设裂隙为圆盘状，进行了三维裂隙网络的模拟。Kozeny-Carman 方程考虑了裂隙形状和迂曲度对渗透率的影响，广泛应用于多孔介质渗透率的计算[19]。

针对岩心的自发渗吸，诸多学者开展了大量的研究工作。Qin 等[20]通过自发渗吸实验考察了毛细管力计算公式 Young-Laplace 方程的有效性，使用 Young-Laplace 方程和平均孔隙半径计算的毛细管力明显要高于实验结果。Ashraf 等[21]通过引入比例系数建立了水平三层多孔介质渗吸模型，用于研究分层非均质多孔介质中的渗吸过程。Feldmann 等[22]使用三种不同盐度的盐水研究了碳酸盐自发渗吸过程的低矿化度效应，实验结果表明水分盐度增加将减弱渗吸效果。Zhao 等[23]采用改进的毛细管束模型和颜色梯度格子 Boltzmann 方法模拟了不同流体性质液体的渗吸动力学。许飞[24]利用核磁扫描技术，以鄂尔多斯盆地页岩为研究对象，通过建立考虑化学渗透压作用下的渗吸动力模型，研究了黏土矿物、矿化度和表面活性剂对渗吸过程含水饱和度分布曲线的影响。Zhang 等[25]通过研究纳米孔中承压水的毛细管动力学，对纳米孔隙中的动态渗吸行为进行了研究，建立了一个纳米孔渗吸行为模型，并通过该模型获得了纳米尺度毛细管动力学的重要物理信息。

综上所述，当水注入煤体后，煤体内部水-气两相饱和度空间分布、孔隙压力与孔隙压力梯度空间分布规律尚不清楚。实际煤岩孔裂隙的结构极其复杂，模拟的参数设置与实际情况依然存在较大差异。

1.2 煤层注水对矿山灾害的防治作用机理研究现状

煤尘是指在矿山生产中产生的各类粉尘，能够长时间悬浮在空气中。它几乎遍布矿井的各个角落。根据产尘方式，煤尘可分为原生煤尘和次生煤尘[26,27]。首先，注入的水预先润湿煤层内部孔、裂隙内赋存的原生煤尘，使其丧失飞扬能力，从根本上消除产尘源[28]；其次，煤层注水对破碎产尘的润湿作用，使注水后的煤体被水有效地包裹起来，在后续开采产生的破碎表面均有水润湿,此时煤体由开采产生的煤尘被水分润湿而黏结增重,从而降低开采产生的次生煤尘的飞扬能力[29];采煤工作面产量占全矿井煤炭生产总量的 90%,注水使开采的煤层大部分预先湿润,同样可以减少整个矿井系统开采、运输等过程中煤尘的产生和飞扬[30]。

1982 年,学者就发现煤尘润湿性与粒径有关,煤尘颗粒越小、比表面积越大,则其润湿性越差[31],郑磊[32]通过落锤冲击产尘实验方法发现随着煤体水分含量的提高,煤体产尘能力整体呈现下降的趋势,煤体水分含量的提高能够明显降低煤炭破碎过程中产生的粉尘粒径,并且对于小颗粒的煤尘效果更为有效。近年来,国内外学者利用红外光谱等手段对煤的润湿机理进行了深入的研究。结果表明,苯环、含甲基的脂肪族碳氢化合物等大分子碳的煤样表面呈疏水性,而含有羟基、羧基等含氧官能团或者碳酸盐的矿物则表现为亲水性。赵振保等[33]研究发现,煤的变质程度对煤尘润湿性同样有影响作用,通过对五种不同煤质的样本进行红外光谱测试,发现氧含量与固定碳含量是影响煤尘润湿性的主要因素。

众多学者以此作为切入点开展煤层注水提高煤体润湿性方面的研究,如表面活性剂通过调节表面分子受力不平衡的状态并减小表面分子之间的吸引力,使得在气液两相界面吸附从而降低水的表面张力,它可在煤层表面形成一层致密的黏附层,改变了煤的理化性质[34-36]。张雨晨[37]对配制的绿色生物可降解型复合抑尘剂进行了除尘润湿性研究,结果表明该抑尘剂显著减小了溶剂的表面张力,对不同煤质的煤尘均有较好的润湿除尘作用。彭亚等[38]以邢东矿某工作面为研究背景,优化注水参数,采用 Cline-Renka 算法绘制全水分分布图,分析采煤移架过程的粉尘浓度,发现添加湿润剂可以有效降低接触角,缩短润湿时间,扩大湿润半径,降尘效率大幅度增加。邓健等[39]通过接触角法和粉末浸透速度法确定湿润剂的浓度,并应用于井下防尘工程,添加该配比的湿润剂使得煤体含水率大幅度提升、总粉尘量和吸入粉尘量大幅度降低。后续的研究发现阴离子表面活性剂和非离子型表面活性剂复配,易产生协同润湿煤尘的作用,通过非离子型表面活性剂分子的疏水端与阴离子表面活性剂分子的疏水端相结合,可降低因阴离子表面活性剂亲水头吸附在煤的亲水位点而导致的润湿性损失。

煤层冲击地压是矿山压力的一种独特表现,它是在开采过程中,因瞬间释放的弹性变形能而引起的突发的、剧烈的地质灾害现象,在相应的采动空间内引起强烈围岩振动和挤出的现象,常表现为煤岩体抛出、冒顶等现象。世界范围内,南非首先于 1915 年建立了南非矿山冲击委员会,以开展对煤矿冲击地压的深入研究。20 世纪 50 年代初,联邦德国也展开了冲击地压研究工作,并在矿井中应用钻孔卸压技术防治冲击地压[40],煤层注水防治冲击地压研究始于 20 世纪 50 年代的苏联等。我国对冲击地压的研究相对起步较晚,1978 年我国第一次系统性地对冲击地压开展了研究工作。我国于 20 世纪 80 年代初在抚顺龙凤矿区开展此项技术研究[41],针对龙凤矿地压成因规律、预测预报等,开展煤层注水预防冲击地压的研究工作。1985 年我国完成首次全国性冲击地压调研工作[42]。随后,在广大科研人员的共同努力下,我国对矿井冲击地压的发生机理和防治手段进行了深入而丰富的研究。

吴耀焜等[43]早在 1989 年通过实验手段验证了煤样浸润前后物理力学特性的变化,并通过有限元模拟手段证明了注水后应力集中系数下降，支撑压力高峰向煤体深部移动。李信[44]、邹天民[45]等学者开展了大量煤层注水实验研究。结果表明，煤层注水能够有效改性煤岩体，降低注水煤体的抗压强度等性质，这些煤体物理力学参数的变化，都能有效地预防冲击地压的发生。李天生等[46]提出了冲击倾向性指标，即把岩石加载到峰值强度至岩石承载能力完全消失这个动态破坏时间作为指标。这个过程越快，冲击倾向性越大。而通过煤层注水，煤体含水率增加，延长煤岩完全丧失承载能力所需的时间，从而减缓煤层的冲击倾向。

为了提高煤层注水的润湿效果，扩大煤层注水孔的润湿半径，通过在煤层注水过程中加入表面活性剂来改善煤的润湿性。国内外许多学者对此进行了研究，安文博等[47]采用阴离子表面活性剂十二烷基硫酸钠(sodium dodecyl sulfate, SDS)进行煤体改性的研究发现，改性的煤体孔隙率增加，其物理力学性质发生变化，达到了预防煤矿动力灾害的目标。徐连满等[48]通过单轴抗压实验验证了注水增强组合剂作用后煤样的冲击倾向性大幅度降低。研究表明，以亚氨基二琥珀酸四钠(tetrasodium iminodisuccinate)+十二烷基苯磺酸钠(sodium dodecyl benzene sulfonate)(IDS+SDBS)作为煤层注水添加剂用来防治"高应力、低渗透"煤层的冲击地压复合动力灾害是可行的。秦志娇[49]等介绍了一种以传统表面活性剂与螯合剂亚氨基二琥珀酸四钠复配而成的润湿剂，该润湿剂结合了两者的优点，能够提高煤体湿润性及煤层注水效果，实现了防治冲击地压的目标。

煤与瓦斯突出是一种复杂的矿井瓦斯动力现象，也是一种非常严重而又比较普遍的威胁煤矿安全生产的自然灾害。自 1834 年 3 月 22 日法国鲁阿雷煤田伊萨克矿井发生全球首次煤与瓦斯突出以来，至今已有约 18 个国家经历了这一现象[50-54]。我国是全球煤与瓦斯突出最为严重的国家，最早于 1950 年记载发生了首次煤与瓦斯突出。随着采掘深度的增加，地应力和瓦斯压力持续增大，煤与瓦斯突出矿井的数量不断增加，突出事件也变得日益频繁。因此，预防和治理煤与瓦斯突出灾害成为确保煤炭生产安全高效的不可或缺的措施。通过梳理众多学者对煤与瓦斯突出发生机理的研究，可以为防治煤与瓦斯突出灾害提供理论指导。

煤层注水增加煤体渗透率是一种防治煤与瓦斯突出的有效手段，在原始煤体当中，原始应力与瓦斯应力处于稳定的状态，瓦斯处于吸附解吸平衡状态，当煤层受到注水扰动时，煤体内部的孔隙、裂隙结构受到破坏进而改变了煤体的应力状态，使得瓦斯的吸附解吸平衡状态遭到破坏，吸附在煤样表面的吸附态转化为游离态[55]。目前，增加煤岩渗透率的方法[56-61]主要是采用高压注水致裂的方法，如水压致裂、水力冲孔、水力割缝等。

煤体内的瓦斯存在三种主要赋存状态，即游离态、吸附态和吸收态。游离态瓦斯主要分布在较大的孔裂隙中，吸附态瓦斯则主要附着在煤基质表面，而吸收态瓦斯则存在于煤体内部[62]。1930 年，佐尔维格提出了水相对于甲烷更容易被煤吸附的观点，并建议苏联矿井采用向煤体注水的方式挤出瓦斯[63]。煤层瓦斯压力是影响煤与瓦斯突出的关键因素之一，而瓦斯放散初速度、吸附常数等特征则决定了瓦斯压力的大小。许多学者已对不同含水率煤样的吸附放散特性进行了研究[64]。研究表明，水分子与甲烷分子竞争吸附，煤作为典型多孔隙结构，其对水分子的吸附能力大于对甲烷分子的吸附能力，导致瓦斯压力降低，破坏了瓦斯吸附平衡状态，使得吸附态的瓦斯转化成游离态，因此煤层注水能够使煤体中的游离瓦斯和部分吸附瓦斯排出[65, 66]。房新亮等[67]通过现场工业试验探究不同的注水压力、钻孔布置方式以及注水方式对瓦斯抽采的影响规律，结果发现采用"一注一抽"的注水孔—抽采孔间隔布置实施间歇性的高压注水抽采瓦斯效果最佳；然而，当水进入煤层的孔裂隙时，可能封闭瓦斯解吸通道，导致瓦斯解吸速度减缓，形成水锁效应，降低了瓦斯的解吸速度和解吸量[68, 69]。刘建新等[70]、魏国营等[71]、李平[72]通过现场实测发现，注水后掘进期间平均瓦斯涌出量较注水时有不同程度的降低，主要是因为水分在瓦斯解吸通道产生了封堵作用，导致注水后瓦斯释放速度减缓。同时也有研究表明，增加注水量可以增强水锁效应，而增大注水压力可增强驱替能力并削弱水锁效应，因此可以根据这个规律合理地设计利用两者之间的耦合关系来实现高效的注水促抽瓦斯工艺。

1.3 深部低渗煤层注水增效技术发展历程与研究现状

表面活性剂是指同时具有亲油性和亲水性的分子，它们可以在溶液中有序地排列，通过在气液两相界面吸附，使水的表面张力下降，在煤体表面生成致密的黏附层，进而影响煤体的物理和化学性能。这一技术手段不仅可以提高煤层含水率，还能够在井下工作中实现生产效率的提高[73-76]。表面活性剂降低水溶液表面张力的机制涉及两个关键方面。首先，它改善了表面分子的受力平衡，通过调整表面分子的分布状态，使得表面受力更加平衡。其次，表面活性剂降低了表面分子之间的吸引力，从而减缓了表面分子的相互吸引过程，进而降低了表面的"绷紧"状态。通过这两个作用机制，表面活性剂能够有效地降低水溶液的表面张力，有助于提高煤体的润湿性[35,36,77]。常见的表面活性剂分为阴离子型表面活性剂、阳离子型表面活性剂和非离子型表面活性剂，均由亲水基部分和疏水基部分组成。辛嵩等[78]进行了对阴离子型、阳离子型、非离子型和两性离子表面活性剂的比较研究，结果表明相较于阳离子型和两性离子型表面活性剂，阴离子型和非离子型表面活性剂在润湿性能上表现更为优越；齐健等[79]提出了针对不同煤质采用不同表面活性剂的建议；安文博等[47]利用阜新地区的长焰煤，利用SDS对煤进行改性，改善煤的润湿性能，同时降低煤的致密度；李皓伟等[80]对比了四种表面活性剂，最终确定磺化琥珀酸二辛酯钠盐(快速渗透剂T)为最佳表面活性剂；林海飞等[81]对四种非阳离子型表面活性剂在不同质量浓度下对煤体润湿性能的影响进行了分析。微生物代谢生成的生物表面活性剂是一类具备疏水基团和亲水基团的两性物质，其主要功能在于显著降低表面和界面的张力。相较于合成化学表面活性剂，生物表面活性剂具备诸多优势，包括低毒性、良好的生物相容性以及可降解性等特点。这使得生物表面活性剂在多个领域中展现出广阔的应用前景。Sun等[82]、Ma等[83]采用接枝共聚方法，将生物改性基体与化学表面活性剂进行复配，合成新型煤层注水润湿剂，在提升注水润湿效果的同时，有效絮凝原生粉尘。表面活性素(surfactin)[84]是一种广泛用于食品、石油、医药等行业的微生物表面活性剂，其表面活性高，无污染，易于生物降解，可高效乳化并减小水的表面张力[85]。张馨新等[86]通过菌株活化培养、响应面优化发酵条件、表面活性素提取及润湿特性与微观结构分析，探讨微生物表面活性剂强化煤层注水润湿性能。

19 世纪初期，有人发现含沙河道的流速要比较清的河道高，且船舶通过藻华水体时，摩阻明显减小。但是，因为当时还没有建立起流体力学、流变学等学科，所以对其研究还不够深入。到了 20 世纪中期，随着高分子材料、表面活性剂等方面的研究成果不断涌现，外加减阻剂成为该领域的一个重要研究方向。1948 年，Toms[87]首次提出了有关减阻方面的研究结论，随后，1963 年，Savins 提出了减阻的概念[88]，1967 年，Virk 等[89]提出了著名的 Virk 渐近线。对于非牛顿流体，江体乾等[90]提出了其定义。Lumley[91,92]发现高聚物具有良好的减阻效果，这为进一步研究减阻材料奠定了基础。1985 年，White 等[93]发现高聚物的分子形态会受剪切力的作用而发生改变。邵雪明等[94]强调解决湍流结构问题需要从湍流运动特征的角度入手；焦利芳等[95]详细阐述了添加剂的传热特性和规律；Caramoy 等[96]通过可控力流变仪确定加入高聚物后能够提高混合物的剪切黏度和黏弹性；管新蕾等[97]揭示了高聚物溶液对壁面湍流能量和动量输运的影响；Al-Hajri 等[98]深入研究了高聚物分子因颗粒表面吸附和孔隙中机械包封所导致的损失。

通过科学家持续努力，聚合物减阻剂在耐剪切、耐盐、耐温等方面的性能已经取得显著提升。然而，不同种类的聚合物在减阻剂中表现出各自独特的性能和特点。目前的研究仍未充分评估各类聚合物在减阻效果上的差异，如高分子量聚合物和天然聚合物等。在不同工况和介质下，需要进一步研究不同聚合物的适用性和效果。聚合物减阻剂必须在长期运行环境中保持稳定，确保不发生降解、分解或变质。目前，对于聚合物在复杂环境条件下的长期稳定性和降解机制的研究仍相对有限，需要进一步完善加强。

水锁效应是一种由非润湿相在润湿相浸入的过程中，由毛细管阻力导致的有效渗透率降低的现象[99-101]。目前，人们普遍采用的是以 SY/T 5153—2017《油藏岩石润湿性测定方法》为基础的表面张力、接触角等参数来评价其解水锁剂的作用效果[102,103]。研究者经过室内评价和现场应用均证明了解水锁剂的应用潜力。闫方平[104]通过室内合成制备了两类表面活性剂，分别是有机硅类和羧酸盐类，并确定其有效浓度为 0.01%（质量分数）；安一梅等[105]以非离子型表面活性剂、分散剂、消泡剂复配合成了水锁解除剂，可将页岩岩心接触角由 46.1°变为 80°~130°；杜洋等[106]采用表面活性剂作为水锁解除剂，对比三类水锁解除剂性能得出氟碳类药剂可作为解除低渗气田水锁伤害的主要复配药剂。耿学礼等[107]开发了由两种表面活性剂、消泡剂以及溶剂复配形成的水锁解除剂，现场应用效果良好；Lyu 等[108]将大豆磷脂与烷基酚聚氧乙烯醚按质量比 1∶3 复配形成水锁解除剂，性能优越。纳米乳液体系由于粒径小、相对环保、解水锁性能优异而成为近年来的研究重点[109]。Wang 等[110]进行了纳米乳液对储层岩石的自吸实验，发现可以通过改变储层岩石的润湿性有效减少流体在储层岩石中的渗吸和滞留；邱正松等[111]研发的新型微乳液水锁解除剂 ME-1 和 ME-2 能够有效减少液相的圈闭现象和水锁伤害；Li 等[112]研制出水包油型纳米微乳液，岩心渗透率恢复值可达 59.54%。

解水锁性能的关键因素在于表面活性剂能否吸附在煤岩的表面，而当前的解水锁技术多集中在组分研究上，迫切需要对其解水锁机理进行深入研究，明确其与煤岩体的相互作用规律，并以此来指导不同储层的解水锁性能。同时，还需要加速纳米乳化解水锁技术的推广和应用，强化其在解水锁方面的研究。不同的煤层地质状况会影响水锁解除剂的使用效果。一些煤层具有不同的渗透率、孔隙率和地层压力，因此要根据不同的地质条件采用不同的水锁解除剂。

参 考 文 献

[1] 谢和平,任世华,谢亚辰,等.碳中和目标下煤炭行业发展机遇[J].煤炭学报,2021,46(7):2197-2211.
[2] 秦勇,申建,史锐.中国煤系气大产业建设战略价值与战略选择[J].煤炭学报,2022,47(1):371-387.
[3] 黄炳香,赵兴龙,余斌,等.煤与共伴生战略性金属矿产协调开采理论与技术构想[J].煤炭学报,2022,47(7):2516-2533.
[4] 张群.煤层气储层数值模拟模型及应用的研究[D].北京:煤炭研究科学研究总院,2002.
[5] 郭海军.煤的双重孔隙结构等效特征及对其力学和渗透特性的影响机制[D].徐州:中国矿业大学,2017.
[6] 邹明俊,韦重韬,张苗,等.基于压汞实验的煤孔隙系统分形分类[J].煤炭工程,2013,45(10):112-114.
[7] 刘世奇,王鹤,王冉,等.煤层孔隙与裂隙特征研究进展[J].沉积学报,2021,39(1):212-230.
[8] Li Q, Liu D M, Cai Y D, et al. Effects of natural micro-fracture morphology, temperature and pressure on fluid flow in coals through fractal theory combined with lattice Boltzmann method[J]. Fuel, 2021, 286(2): 119468.
[9] Liu G N, Liu L S, Liu L, et al. A fractal approach to fully-couple coal deformation and gas flow[J]. Fuel, 2019, 240: 219-236.
[10] Ye D Y, Liu G N, Gao F, et al. A fractal model of thermal-hydrological-mechanical interaction on coal seam[J]. International Journal of Thermal Sciences, 2021, 168: 107048.
[11] Ni X M, Chen W X, Li Z Y, et al. Reconstruction of different scales of pore-fractures network of coal reservoir and its permeability prediction with Monte Carlo method[J]. International Journal of Mining Science and Technology, 2017, 27(4): 693-699.
[12] Hou P, Gao F, Ju Y, et al. Changes in pore structure and permeability of low permeability coal under pulse gas fracturing[J]. Journal of Natural Gas Science and Engineering, 2016, 34:1017-1026.
[13] Wang G, Feng J, Huang Q M, et al. Theoretical and experimental evaluation of water injection difficulty based on coal structure characteristics[J]. Fuel, 2022, 236: 124932.
[14] 李波波,王斌,杨康,等.煤岩孔裂隙结构分形特征及渗透率模型研究[J].煤炭科学技术,2021,49(2):226-231.
[15] Khamforoush M, Shams K, Thovert J F, et al. Permeability and percolation of anisotropic three-dimensional fracture networks[J]. Physical Review E: Statistical, Nonlinear, and Soft Matter Physics, 2008, (52): 056307.
[16] Loucks R G, Reed R M, Ruppel S C. Spectrum of pore types and networks in mudrocks and a descriptive classification for matrix-related mudrock pores[J]. AAPG Bulletin, 2012, 96(6): 1071-1098.
[17] Singh H, Javadpour F, Ettehadtavakkol A, et al. Nonempirical apparent permeability of shale[J]. SPE Reservoir Evaluation & Engineering, 2014, 17(3): 414-424.
[18] Long J C S, Gilmour P, Witherspoon P A. A model for steady fluid flow in random three-dimensional networks of disc-shaped fractures[J]. Water Resources Research, 1985, (5): 1105-1115.
[19] Eisenklam P. Flow of gases through porous media[J]. Combustion and Flame, 1957, (1): 124-125.
[20] Qin C Z, van Brummelen H. A dynamic pore-network model for spontaneous imbibition in porous media[J]. Advances in Water Resources, 2019, 133: 103420.
[21] Ashraf S, Phirani J. A generalized model for spontaneous imbibition in a horizontal, multi-layered porous medium[J]. Chemical Engineering Science, 2019, 209: 115175.
[22] Feldmann F, Strobel G J, Masalmeh S K, et al. An experimental and numerical study of low salinity effects on the oil recovery of carbonate rocks combining spontaneous imbibition, centrifuge method and coreflooding experiments[J]. Journal of Petroleum Science and Engineering, 2020, 190: 107045.
[23] Zhao J L, Qin F F, Fischer R, et al. Spontaneous imbibition in a square tube with corner films: Theoretical model and numerical simulation[J]. Water Resources Research, 2021, 57(2): e2020WR029190.
[24] 许飞.考虑化学渗透压作用下页岩气储层压裂液的自发渗吸特征[J].岩性油气藏,2021,33(3):145-152.
[25] Zhang L Y, Yu X R, Chen Z X, et al. Capillary dynamics of confined water in nanopores: The impact of precursor films[J]. Chemical Engineering Journal, 2021, 409: 128113.

[26] 杨胜强. 粉尘防治理论及技术[M]. 徐州: 中国矿业大学出版社, 2007.

[27] 傅贵, 金龙哲, 徐景德. 矿尘防治-A 类[M]. 徐州: 中国矿业大学出版社, 2002.

[28] 袁广玉. 综放工作面混合注水降尘技术研究[D]. 焦作: 河南理工大学, 2014.

[29] 黄山. 新安煤矿极软煤层注水防尘技术研究[D]. 徐州: 中国矿业大学, 2021.

[30] 张东许. 新登煤业二₁煤层注水技术研究[D]. 廊坊: 华北科技学院, 2021.

[31] 王鹏飞, 刘荣华, 汤梦, 等. 煤矿井下高压喷雾雾化特性及其降尘效果实验研究[J]. 煤炭学报, 2015, 40(9): 2124-2130.

[32] 郑磊. 难注水煤层水力逾裂增渗润湿抑尘机理与工程应用[D]. 重庆: 重庆大学, 2022.

[33] 赵振保, 杨晨, 孙春燕, 等. 煤尘润湿性的实验研究[J]. 煤炭学报, 2011, 36(3): 442-446.

[34] Lokanathan M, Wimalarathne S, Bahadur V. Influence of surfactant on electrowetting-induced surface electrocoalescence of water droplets in hydrocarbon media[J]. Colloids and Surfaces A: Physicochemical and Engineering Aspects, 2022, 642: 128325.

[35] Huang Y X, Wang Z X, Horseman T, et al. Interpreting contact angles of surfactant solutions on microporous hydrophobic membranes[J]. Journal of Membrane Science Letters, 2022, 2(1): 100015.

[36] Kini G, Garimella S. Surfactant-enhanced ammonia-water bubble absorption[J]. International Journal of Heat and Mass Transfer, 2022, 187: 122520.

[37] 张雨晨. 生物可降解型复合抑尘剂对不同煤质粉尘润湿性的协同效应研究[D]. 徐州: 中国矿业大学, 2022.

[38] 彭亚, 蒋仲安, 付恩琦, 等. 综采工作面煤层注水防尘优化及效果研究[J]. 煤炭科学技术, 2018, 46(1): 224-230.

[39] 邓健, 王迪. 基于湿润剂添加的煤层注水防尘实验与应用研究[J]. 煤矿机械, 2022, 43(12): 149-152.

[40] 宋维源. 阜新矿区冲击地压及其注水防治研究[D]. 阜新: 辽宁工程技术大学, 2004.

[41] 赵本钧. 抚顺龙凤矿冲击地压的防治研究[J]. 岩石力学与工程学报, 1987, (1): 30-38.

[42] 安文博, 王来贵, 杨建林, 等. 有机/酸复合溶液化学作用下低煤阶煤体破坏微观机制研究[J]. 实验力学, 2018, 33(6): 969-978.

[43] 吴耀焜, 王淑坤, 张万斌. 煤层注水预防冲击地压的机理探讨[J]. 煤炭学报, 1989, (2): 69-80.

[44] 李信. 煤矿冲击地压的初步研究[J]. 煤矿安全技术, 1983(1): 31-38, 14.

[45] 邹天民. 含水率对煤样力学性质影响的试验研究[D]. 淮南: 安徽理工大学, 2022.

[46] 李天生, 王淑坤, 张万斌. 冲击地压机理的探讨[J]. 煤炭学报, 1984, (2): 32-35.

[47] 安文博, 王来贵. 表面活性剂作用下煤体力学特性及改性规律[J]. 煤炭学报, 2020, 45(12): 4074-4086.

[48] 徐连满, 路凯旋. 复合湿润剂对煤体渗透性及冲击倾向性影响的试验研究[J]. 安全与环境学报, 2020, 20(3): 920-924.

[49] 秦志娇. 复合湿润剂注水防治冲击地压研究[D]. 沈阳: 辽宁大学, 2021.

[50] 蒋承林, 俞启香. 煤与瓦斯突出的球壳失稳机理及防治技术[M]. 徐州: 中国矿业大学出版社, 1998.

[51] 梁冰. 煤和瓦斯突出固流耦合失稳理论[M]. 北京: 地质出版社, 2000.

[52] 何学秋. 煤岩流变电磁动力学[M]. 北京: 科学出版社, 2003.

[53] 郭勇义, 何学秋, 林柏泉. 煤矿重大灾害防治战略研究与进展[M]. 徐州: 中国矿业大学出版社, 2003.

[54] 李希建, 林柏泉. 煤与瓦斯突出机理研究现状及分析[J]. 煤田地质与勘探, 2010, 38(1): 7-13.

[55] 白海鑫. 水对煤样瓦斯解吸附特性影响规律及调控方法研究[D]. 徐州: 中国矿业大学, 2022.

[56] 赵阳升, 胡耀青. 孔隙瓦斯作用下煤体有效应力规律的实验研究[J]. 岩土工程学报, 1995, (3): 26-31.

[57] 俞启香, 王凯, 杨胜强. 中国采煤工作面瓦斯涌出规律及其控制研究[J]. 中国矿业大学学报, 2000, 29(1): 9-14.

[58] 王国态, 刘振华, 李云珍, 等. 提高煤层瓦斯抽放率的高能气体致裂技术研究[J]. 火炸药学报, 2000, (4): 67-68.

[59] 冯增朝. 低渗透煤层瓦斯抽放理论与应用研究[D]. 太原: 太原理工大学, 2005.

[60] Chen Z, Narayan S P, Yang Z, et al. An experimental investigation of hydraulic behaviour of fractures and joints in granitic rock[J]. International Journal of Rock Mechanics and Mining Sciences, 2000, 37(7): 1061-1071.

[61] Adachi J, Siebrits E, Peirce A, et al. Computer simulation of hydraulic fractures[J]. International Journal of Rock Mechanics and Mining Sciences, 2007, 44(5): 739-757.

[62] 张国华. 外液侵入对含瓦斯煤体瓦斯解吸影响实验研究[D]. 阜新: 辽宁工程技术大学, 2011.

[63] 肖知国, 王兆丰. 煤层注水防治煤与瓦斯突出机理的研究现状与进展[J]. 中国安全科学学报, 2009, 19(10): 150-158,

179.
- [64] 王皓. 突出松软煤层注水防突机理及爆破增注技术研究[D]. 徐州: 中国矿业大学, 2019.
- [65] 张占存, 马丕梁. 水分对不同煤种瓦斯吸附特性影响的实验研究[J]. 煤炭学报, 2008, 33(2): 144-147.
- [66] 钟玲文. 煤的吸附性能及影响因素[J]. 地球科学, 2004, 29(3): 327-332, 368.
- [67] 房新亮, 武国胜, 徐云辉, 等. 单一低渗透煤层注水促抽瓦斯效果评价及其应用[J]. 煤炭技术, 2021, 40(7): 87-92.
- [68] 切尔诺夫 О И, 罗赞采夫 Е С. 瓦斯突出危险煤层井田的准备[M]. 宋世钊, 于不凡, 译. 北京: 煤炭工业出版社, 1980.
- [69] 于不凡, 王佑安. 煤矿瓦斯灾害防治及利用技术手册(修订版)[M]. 北京: 煤炭工业出版社, 2005.
- [70] 刘建新, 李志强, 李三好. 煤巷掘进工作面水力挤出措施防突机理[J]. 煤炭学报, 2006, 31(2): 183-186.
- [71] 魏国营, 张书军, 辛新平. 突出煤层掘进防突技术研究[J]. 中国安全科学学报, 2005, 15(6): 100-104.
- [72] 李平. 水力挤出技术在突出煤层中的应用[J]. 煤炭科学技术, 2007, 35(8): 45-47, 52.
- [73] Kalli M, Angeli P. Effect of surfactants on drop formation flow patterns in a flow-focusing microchannel[J]. Chemical Engineering Science, 2022, 253: 117517.
- [74] 黄维刚, 胡夫, 刘楠琴. 表面活性剂对煤尘湿润性能的影响研究[J]. 矿业安全与环保, 2010, 37(3): 4-6, 10.
- [75] Di Y L, Jiang A, Huang H Y, et al. Molecular dynamics simulations of adsorption behavior of DDAH, NaOL and mixed DDAH/NaOL surfactants on muscovite (001) surface in aqueous solution[J]. Journal of Molecular Graphics and Modelling, 2022, 113: 108161.
- [76] Prasad G V V, Dhar P, Samanta D. Postponement of dynamic Leidenfrost phenomenon during droplet impact of surfactant solutions[J]. International Journal of Heat and Mass Transfer, 2022, 189: 112675.
- [77] Yang M M, Lu Y Y, Ge Z L, et al. Optimal selection of viscoelastic surfac-tant fracturing fluids based on influence on coal seam pores[J]. Advanced Powder Technology, 2020, 31(6): 2179-2190.
- [78] 辛嵩, 齐晓峰, 陈兴波, 等. 难润湿疏水性煤尘润湿性研究[J]. 煤炭工程, 2015, 47(5): 112-114.
- [79] 齐健, 闫奋飞, 王怀法. 不同煤种接触角及润湿性规律探究[J]. 矿产综合利用, 2018, (2): 112-117.
- [80] 李皓伟, 王兆丰, 岳基伟, 等. 不同类型表面活性剂对煤体的润湿性研究[J]. 煤矿安全, 2019, 50(3): 22-25.
- [81] 林海飞, 刘宝莉, 严敏, 等. 非阳离子表面活性剂对煤润湿性能影响的研究[J]. 中国安全科学学报, 2018, 28(5): 123-128.
- [82] Sun J, Zhou G, Wang C M, et al. Experimental synthesis and performance comparison analysis of high-efficiency wetting enhancers for coal seam water injection[J]. Process Safety and Environmental Protection, 2021, 147: 320-333.
- [83] Ma Y L, Sun J, Ding J F, et al. Synthesis and characterization of a penetrating and pre-wetting agent for coal seam water injection[J]. Powder Technology, 2021, 380: 368-376.
- [84] Kakinuma A, Hori M, Isono M, et al. Determination of amino acid sequence in surfactin, a crystalline peptidelipid surfactant produced by *Bacillus subtilis*[J]. Agricultural and Biological Chemistry, 1969, 33(6): 971-972.
- [85] Meena K R, Dhiman R, Singh K, et al. Purification and identification of a surfactin biosurfactant and engine oil degradation by *Bacillus velezensis* KLP2016 [J]. Microbial Cell Factories, 2021, 20(1): 1-12.
- [86] 张馨新, 李治刚, 高超, 等. 微生物表面活性剂强化煤层注水润湿特性研究[J]. 中国安全生产科学技术, 2023, 19(7): 77-84.
- [87] Toms B. Some observations on the flow of linear polymer solutions through straight tubes at large Reynolds numbers[C]// Proceedings of the International Congress on Rheology, 1948: 135-141.
- [88] 范文波. 高聚物减阻剂的合成与评价[D]. 北京: 中国石油大学(北京), 2016.
- [89] Virk P S, Merrill E W, Mickley H S, et al. The Toms phenomenon: Turbulent pipe flow of dilute polymer solutions[J]. Journal of Fluid Mechanics, 1967, 30: 305.
- [90] 江体乾, 唐寅南. 非牛顿流体传递过程研究进展及应用[J]. 力学进展, 1987, (2): 176-185.
- [91] Lumley J L. Drag Reduction by Additives[J]. Annual Review of Fluid Mechanics, 1969, 1(1): 367-384.
- [92] Lumley J L. Drag reduction in turbulent flow by polymer additives[J]. Journal of Polymer Science: Macromolecular Reviews, 1973, 7(1): 263-290.

[93] White W, Galperin I. Material considerations for high frequency, high power capacitors[J]. IEEE Transactions on Electrical Insulation, 1985, 120(1): 66-69.

[94] 邵雪明, 林建忠. 高聚物减阻机理的研究综述[J]. 浙江工程学院学报, 2001, (1): 17-21.

[95] 焦利芳, 李凤臣. 添加剂湍流减阻流动与换热研究综述[J]. 力学进展, 2008, (3): 339-357.

[96] Caramoy A, Kearns V R, Chan Y K, et al. Development of emulsification resistant heavier-than-water tamponades using high molecular weight silicone oil polymers[J]. Journal of Biomaterials Applications, 2015, 30(2): 212-220.

[97] 管新蕾, 王维, 姜楠. 高聚物减阻溶液对壁湍流输运过程的影响[J]. 物理学报, 2015, 64(9): 406-414.

[98] Al-Hajri S, Mahmood S M, Abdulrahman A. An experimental study on hydrodynamic retention of low and high molecular weight sulfonated polyacrylamide polymer[J]. Polymers, 2019, 11(9): 1453.

[99] 杨东兰, 刘洪升, 王培义, 等. FHB-10 复合表面活性剂对低渗油气藏水锁伤害的防治作用[J]. 石油天然气学报, 2011, 33(6): 10-11, 139-142.

[100] Zhao Y L, Liu X Y, Zhang L H, et al. Laws of gas and water flow and mechanism of reservoir drying in tight sandstone gas reservoirs[J]. Natural Gas Industry B, 2021, 8(2): 195-204.

[101] 柯从玉, 魏颖琳, 张群正, 等. 低渗透气藏水锁伤害及解水锁技术研究进展[J]. 应用化工, 2021, 50(6): 1613-1617, 1621.

[102] Ivanova A A, Mitiurev N A, Shilobreeva S N, et al. Experimental methods for studying the wetting properties of oil reservoirs: A review[J]. Izvestiya, Physics of the Solid Earth, 2019, 55(3): 496-508.

[103] Wang J, Zhou F J, Xue Y P, et al. The adsorption properties of a novel ether nanofluid for gas wetting of tight sandstone reservoir[J]. Petroleum Science and Technology, 2019, 37(12): 1436-1454.

[104] 闫方平. 解水锁剂的实验研究及应用[J]. 石油化工应用, 2018, 37(2): 75-78.

[105] 安一梅, 李丽华, 赵凯强, 等. 低渗透油气藏用防水锁剂体系的制备与性能评价[J]. 油田化学, 2021, 38(1): 19-23, 33.

[106] 杜洋, 许剑, 赵哲军, 等. 中江低渗储层解水锁剂试验研究[J]. 能源化工, 2018, 39(4): 58-62.

[107] 耿学礼, 吴智发, 黄毓祥, 等. 低渗储层新型防水锁剂的研究及应用[J]. 断块油气田, 2019, 26(4): 537-540.

[108] Lyu S F, Chen X J, Shah S M, et al. Experimental study of influence of natural surfactant soybean phospholipid on wettability of high-rank coal[J]. Fuel, 2019, 239: 1-12.

[109] He F G, Wang J. Study on the causes of water blocking damage and its solutions in gas reservoirs with microfluidic technology[J]. Energies, 2022, 15(7): 2684.

[110] Wang J, Li Y F, Zhou F J, et al. Study on the mechanism of nanoemulsion removal of water locking damage and compatibility of working fluids in tight sandstone reservoirs[J]. ACS Omega, 2020, 5(6): 2910-2919.

[111] 邱正松, 逄培成, 黄维安, 等. 页岩储层防水锁微乳液的制备与性能[J]. 石油学报, 2013, 34(2): 334-339.

[112] Li Y F, Zhou F J, Wang J, et al. Influence of nanoemulsion droplet size of removing water blocking damage in tight gas reservoir[J]. Energies, 2022, 15(14): 5283.

第2章　煤层注水效果影响因素研究

在实际煤层注水的工程应用过程中，复杂的孔隙结构直接影响煤层的注水效果，导致注水效果差别较大。此外，流体的性质也会影响煤层注水效果，因而本章通过煤体结构和流体特性两部分内容来分析影响煤层注水效果的因素。

基于三维微观重构，对煤体微细观有效的孔裂隙结构进行可视化研究，提取了煤体有效的连通孔裂隙结构参数，并结合分形理论，构建包含有效孔隙率、分形维数、孔喉半径和坚固性系数的煤层注水介尺度微观孔隙渗流理论模型。基于渗流模型，运用数值法和Morris筛选法，定量筛选了影响注水能力的主控因素，并定量分析有效孔隙率、孔喉半径和坚固性系数等主控因素对注水能力的作用规律。同时，对目前应用广泛的改性流体的渗流润湿特性进行分析，分析其结构特性及渗流润湿机理。

2.1　煤体有效连通孔裂隙结构表征研究

2.1.1　煤体有效连通孔裂隙结构影响因素分析

煤是一种具有发达孔隙网络和大量微小毛细管的多孔介质，孔隙率、孔径和分形维数等对于水在煤体中的渗流起着非常重要的作用，直接关联着煤体有效连通孔隙结构，是评价多孔介质空间形貌研究的重要内容。

1）孔隙率

孔裂隙结构的发育程度是注水渗流过程中水能否在煤体中均匀分布的关键。孔隙率可定量的表征煤体内部渗流空间，从而更进一步了解煤体复杂孔裂隙结构。孔隙率越大，煤层注水相对越容易。实测资料显示[1]，当煤层孔隙率小于4%时，煤层的透水性较差，注水无效果；孔隙率为15%时，透水性最高。

2）孔径

当孔裂隙尺寸较小时，水分很难进入煤体内部，使注水困难。煤体内部存在形状各异的复杂孔裂隙结构，很难对各个孔裂隙的尺寸进行定量表征。为了得到煤体孔裂隙的体积及孔径等参数，引入等效孔径（直径）定义孔裂隙尺寸。利用计算机断层扫描（computed tomography，CT）三维重建可获得煤体的等效孔径，其计算原理是将三维重建孔裂隙结构中的每个孔裂隙进行单独标记，假设孔裂隙为一个球体，通过式(2-1)计算孔径的大小。

$$D_{eq} = \sqrt[3]{\frac{6V_{pore}}{\pi}} \tag{2-1}$$

其中，D_{eq} 为等效孔径，μm；V_{pore} 为单个孔裂隙体积，μm³。

3) 分形维数

煤体的孔裂隙结构复杂程度可以通过分形维数定量表征[2, 3]。理论上，分形维数与渗透率呈现负相关的关系，即分形维数越大煤体结构越复杂，渗透性越差。煤体内部存在大量相互连通的孔裂隙，形成具有不同截面的弯曲毛细管束，毛细管束的弯曲程度越大，流体流动所受的阻力越大。迂曲度能反映毛细管束的弯曲程度，成为描述渗流通道的一个重要参数，因此引入迂曲度分形维数反映煤体毛细管迂曲度的微观煤体孔裂隙结构特征，并通过研究体积分形维数和迂曲度分形维数来定义煤体孔裂隙结构的复杂程度。

4) 坚固性系数

煤坚固性系数测定仪用于测定煤的物理力学性质(强度 f)指标，该指标是煤矿区域突出危险性判定的重要指标之一。煤层注水效果直接受煤体的坚固性系数影响，同时自身也受温度等其他因素的影响。相关学者根据岩石的坚固性系数(f)，把岩石划分为 10 个级别，为了方便使用，又在第Ⅲ、Ⅳ、Ⅴ、Ⅵ、Ⅶ级的中间加了半级。Ⅰ级，坚固性系数为 20，一般为特别坚固的岩石，如石英岩和玄武岩，具有很高的致密性和韧性；Ⅱ级，坚固性系数为 15，一般为花岗岩和硅质片岩等，具有很强的坚固性，另外，石英岩、砂岩和石灰岩也被划分为Ⅱ级，因为它们也比较坚固；Ⅲ级，坚固性系数为 10，一般为致密的花岗岩、很坚固的砂岩和石灰岩等；Ⅲa 级，坚固性系数为 8，一般为坚固的砂岩、石灰岩、大理岩等；Ⅳ级，坚固性系数为 6，一般的砂岩、铁矿石被划分为这个级别；Ⅳa 级，坚固性系数为 5，这一级别一般为加工型的砂质页岩；Ⅴ级，坚固性系数为 4，一般为坚固的泥质页岩，不坚固的砂岩和石灰岩居多；往下依次为Ⅴa 级、Ⅵ级、Ⅵa、Ⅶ级、Ⅶa 级、Ⅷ级、Ⅸ级、Ⅹ级，坚固性系数依次为 3、2、1.5、1、0.8、0.6、0.5、0.3，一般为一些不坚固的页岩，很软的石灰岩，软且致密的黏土、黄土，甚至流沙和土壤等。这些等级当中，岩石的级别越高，越容易破碎；此外，考虑到实际应用过程中岩石的抗压强度，将抗压强度大于 200MPa 的岩石都归于Ⅰ级。

2.1.2 煤体有效连通孔裂隙结构分形理论研究

连通性是评价多孔介质空间形貌研究的重要内容[4]，而有效孔隙率代表了煤样中全部连通的孔隙体积在煤样外表体积的占比，因此，本节基于先前团队的研究成果，引入有效孔隙率对煤体连通孔裂隙结构特征进行精确表征。

作者[3]已经利用 CT 三维重建可视化煤体孔裂隙结构并获得了有效孔隙率 φ_e，在此将其应用于煤体孔裂隙结构分形理论当中，总孔裂隙结构与有效孔裂隙结构提取对比图如图 2-1 所示。其中，图 2-1(b)是煤体连通的孔裂隙结构，能够贯穿整个煤体，且中间没有断裂的死孔，水在煤体中的渗流过程主要发生于连通且尺寸较大的孔裂隙结构中，且水在煤体中有具有更多的流动空间，渗流速度也相对较大；图 2-1(c)所示的是煤体半连通的孔裂隙结构，该部分孔裂隙只能延伸到煤体中间部分，不能贯穿煤体而达到将水分完全渗入煤体的效果，孔裂隙主要作为储水场所，水在煤体中的渗流受阻，且渗流速度大大降低；图 2-1(d)表示的是煤体不连通的孔裂隙结构，该孔裂隙为死孔，水不能在煤体中渗流，不能达到注水效果。

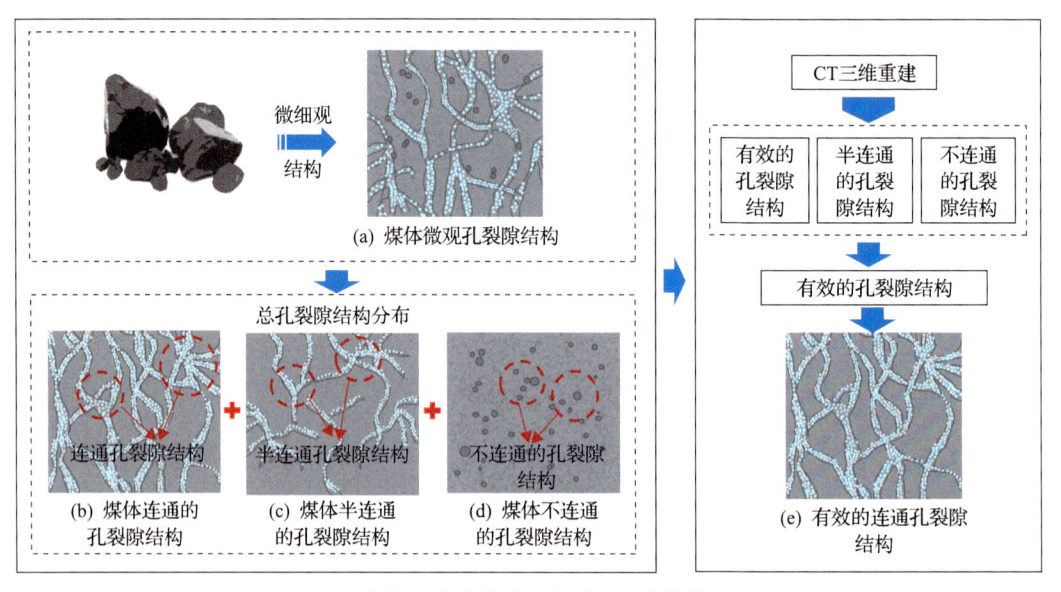

图 2-1　煤体总孔隙结构与有效孔裂隙结构对比图

煤体内部存在一端连通的死端孔和封闭的孤立孔，影响了煤层的注水效果，因此喉道作为连接各孔隙之间的桥梁使流体在各孔裂隙之间自由流动，对提高煤层注水润湿效果起着关键作用。利用 AVIZO 软件分别提取各煤体孔裂隙的等效孔径尺寸，并得到最大孔喉半径与最小孔喉半径，为后续研究煤层注水渗流奠定基础。

基于作者先前研究所得，首先计算连接孔的体积分数和总孔的体积分数[3]，其三维连通性可按以下公式计算：

$$F = \frac{V'}{V} \tag{2-2}$$

其中，F 为煤体孔裂隙三维连通度；V' 为孔裂隙的总体积，$pixel^3$；V 为煤样的总体积，$pixel^3$。

通过 AVIZO 软件对三维重建孔裂隙模型中煤的孔隙率进行定量分析，得到孔裂隙体积以及每个煤样的总体积，在所提取煤体孔隙率的基础上，进一步计算煤样的有效孔隙率，因此有效孔隙率 φ_e 为

$$\varphi_e = F\varphi = \frac{V'}{V}\varphi \tag{2-3}$$

其中，φ_e 为有效孔隙率，%；φ 为煤体总孔隙率，%。

由于岩石等多孔介质微观孔裂隙通道是弯曲的，迂曲度能反映毛细管束的弯曲程度，Comiti 等由试验得出平均迂曲度与孔隙率之间存在一定的关系[5]，因此结合上述有效孔隙率表达式，得到修正后的迂曲度与毛细管束关系表达式：

$$T_{av} = 1 - 0.4 Ln\varphi_e \tag{2-4}$$

其中，T_{av} 为平均迂曲度。

Wheatcraft 和 Tyler 提出了当流体流经复杂的孔裂隙结构时的分形标度关系：

$$L_T(r) = (2r)^{1-D'_f} L_0^{D'_f} \quad (2\text{-}5)$$

其中，$L_T(r)$ 为流体路径的实际长度；L_0 为毛细管的特征长度；r 为毛细管半径；D'_f 为毛细管平均迂曲度分形维数。

$$L_0 = \left[\frac{1-\varphi}{\varphi} \frac{\pi D'_f r_{max}^2}{(2-D'_f)} \right]^{\frac{1}{2}} \quad (2\text{-}6)$$

其中，r_{max} 为最大孔喉半径，μm；D'_f 为煤样的体积分形维数。

毛细管内部孔隙结构复杂，因此用平均毛细管半径 r_{av} 表示毛细管半径 r。

$$r_{av} = \frac{D'_f r_{min}}{D'_f - 1} \quad (2\text{-}7)$$

其中，r_{min} 为最小孔喉半径，μm。

将式(2-6)和式(2-7)代入式(2-5)中可得：

$$L_T = \left(\frac{2D'_f r_{min}}{D'_f - 1} \right)^{1-D'_f} \left[\frac{1-\varphi}{\varphi} \frac{\pi D'_f r_{max}^2}{(2-D'_f)} \right]^{\frac{D'_f}{2}} \quad (2\text{-}8)$$

本节用有效孔隙率 φ_e 来表示煤体内部连通孔裂隙结构，对毛细管实际路径表达式进行修正，并用 AVIZO 软件的分析模块提取三维重建后的三维空间毛细管分形维数，得到修正后的流体路径的实际长度表达式为

$$L_{TV} = \left[\frac{2(D_f+1)r_{min}}{D_f} \right]^{1-D_T} \left[\frac{1-\varphi_e}{\varphi_e} \frac{\pi (D_f+1) r_{max}^2}{3-D_f} \right]^{\frac{D_T}{2}} \quad (2\text{-}9)$$

其中，L_{TV} 为修正后流体路径的实际长度；D_f 为煤样的三维空间体积分形维数；D_T 为煤样的三维空间迂曲度分形维数。

2.2 基于分形理论的煤层注水微观渗流模型构建

研究表明[6, 7]，煤体坚固性系数对注水能力有一定影响，且坚固性系数与煤层注水渗透率存在相对应的关系[8]，结合达西定律和渗透系数表达式，且考虑到细观孔隙结构尺度和宏观裂隙结构尺度[9]，引入修正系数 k_1，得到介尺度流体流量表达式为

$$q = \frac{\Delta P \pi r^2 \rho g k_1 e^{-9.82(f-0.71)^2 + 0.29}}{\mu' \mu L_{TV} T_{av}} \quad (2\text{-}10)$$

其中，f 为煤体坚固性系数；μ 为流体黏度，Pa·s，取 2.98×10^{-3}Pa·s；μ'为动力黏度系数，N·s/m², 取 0.001N·s/m²；ρ 为吸入液相密度，kg/m³，取 1000kg/m³；ΔP 为煤层注水两端压差，取 3MPa；g 为重力加速度，m/s²，取 9.8m/s²；k_1 为修正系数。

将修正后的 L_{TV} 代入式(2-10)，结合毛细管孔径大小分布分形标度律[10]对 q 进行积分，并得到煤体渗流模型表达式：

$$Q=\frac{3.29\times10^{6}\pi^{1-\frac{D_T}{2}}\Delta P k_1 \varphi_e^{D_T} r_{min}^{1+D_T} r_{max}^{-D_T}\left(1-r_{max}^{D_T} r_{min}^{-D_T}\right)e^{-9.82(f-0.71)^2+0.29} D_f^{2+\frac{D_T}{2}}(3-D_f)^{D_T}}{2^{1-D_T}(1-0.4\ln\varphi_e)(1-\varphi_e)^{\frac{D_T}{2}}(D_f-1)^{1+D_T}}$$

(2-11)

将固定参数代入，并根据多孔介质分形理论中的规定，若多孔介质满足分形结构[11]，则 r_{min}/r_{max} 趋向于 10^{-2}，因此对模型进一步简化得到表达式为

$$Q=\frac{9.87\times10^{-6}\pi^{1-\frac{D_T}{2}}\varphi_e^{D_T} r_{min}^{D_f} r_{max}^{1-\frac{D_T}{2}} k_1 e^{-9.82(f-0.71)^2+0.29}}{2^{1-D_T}(1-0.4\ln\varphi_e)(1-\varphi_e)^{\frac{D_T}{2}}(D_f-1)^{D_T}}$$

(2-12)

式(2-12)即为煤层注水介尺度微观渗流模型，影响注水能力的因素为有效孔隙率、坚固性系数、迂曲度分形维数、体积分形维数、最大孔喉半径、最小孔喉半径，该模型多参数定量表征了煤层注水能力与影响因素关系，为后续揭示各影响因素对注水能力的作用规律提供了模型基础。

2.3 煤体结构影响注水效果的因素研究

2.3.1 Morris 筛选法

Morris 率先在 1991 年提出了 Morris 筛选法，后来经过相关学者的不断修正和改进，该方法可以用来研究相关因素之间的作用关系，因此 Morris 筛选法目前在数学领域应用得非常广泛，是一种全局敏感性的分析方法。Morris 筛选法计算量适中，既可以避免计算过程复杂烦琐以及不具有实际操作性的问题，具有广泛的应用性和易操作性，同时又可以避免操作过于简便而引起的误差大的问题。相比于前人的研究，Morris 筛选法能建立渗流理论模型与数学筛选方法的联系，能更准确地对影响注水能力的主控因素进行筛选，且操作简便，减少了误差。但是该方法也存在一些缺点，如该方法只能进行定性分析，无法进行定量分析，有可能将不重要的因素判定为重要的因素[12]，正是基于这一缺点，后续将会引入集对分析法和多元线性回归分析法等多种数学方法来进行定量分析，进而建立评价体系。

由简化后的渗流模型可知，影响注水煤层注水能力的主控影响因素为坚固性系数、有效孔隙率、迂曲度分形维数、体积分形维数、最大孔喉半径和最小孔喉半径，但这 6 种主控影响因素对注水能力的贡献程度不同，因此引入"敏感度"来表征每种影响因素的对渗流量的影响程度，运用 Morris 筛选法[13]计算各个主控影响因素的敏感度，并进

一步检验简化后模型中各主控影响因素的准确性。

2.3.2 主控影响因素定量分析

为了避免受煤样样本范围和数量的限制问题,本节采用数值分析方法。首先确定 6 个参数的实际范围,在每个参数实际范围内取一定数量的点,保证其覆盖各参数的所有取值范围,采用控制变量法,将除所探究影响因素之外的其他因素取平均值代入渗流量模型中,得到各主控影响因素所对应的渗流量,数据取值范围和平均值如表 2-1 所示。

表 2-1 主控影响因素实际范围

影响因素	有效孔隙率 φ_e/%	迂曲度分形维数 D_T	体积分形维数 D_f	坚固性系数 f	最大孔喉半径 r_{max}/μm	最小孔喉半径 r_{min}/μm
取值范围	1~20	1~3	1~3	0~2	3~300	0.12~1.5
平均值	10	2	2	1	151.5	0.81

在数值计算的基础上,运用 Morris 筛选法,可以提高筛选参数的敏感性,将其应用于煤层注水主控影响因素的筛选中。其原理是,采用自变量以固定步长的变化,灵敏度判别因子 S 取 Morris 多个平均值。首先将各个影响因素进行 min-max 标准化处理,将标准化处理的数据压缩在区间[0, 1]内,使其改变任意一个参数后渗流量的变化范围一致。具体方法为:首先求出各参数的最大值 X_{max} 和最小值 X_{min},假设标准化前的原始数据为 X_i,得到数据标准化的公式为

$$P_i = \frac{X_i - X_{min}}{X_{max} - X_{min}} \tag{2-13}$$

其中, P_i 为影响因素标准化后的所求值。

然后分别计算出各个影响因素对渗流量的敏感度函数 $M(x)$,并对敏感度函数 $M(x)$ 取多个样本的平均值:

$$M(x) = \left[\sum_{i=0}^{n=1}\frac{(Q_{i+1}-Q_i)/Q_0}{(P_{i+1}-P_i)/P_0}\right] \bigg/ (n-1) \tag{2-14}$$

其中, Q_i 为模型第 i 次运行输出值; Q_0 为渗流量确定的平均值; P_0 为各项影响因素标准化所求值的平均值; n 为样本数量。

由式(2-14)计算得出的主控影响因素敏感度函数值如表 2-2 所示。

表 2-2 主控影响因素敏感度函数值

影响因素	有效孔隙率 φ_e/%	迂曲度分形维数 D_T	体积分形维数 D_f	坚固性系数 f	最大孔喉半径 r_{max}/μm	最小孔喉半径 r_{min}/μm
敏感度函数值	3.420	−5.077	−3.172	16.765	0.0545	0.00117

由表 2-2 可知,各影响因素的敏感度函数分别为 $M(f)$=16.765, $M(\varphi_e)$=3.420, $M(r_{max})$=

0.0545，$M(r_{\min})$=0.00117，$M(D_T)$=−5.077、$M(D_f)$=−3.172。迂曲度分形维数、体积分形维数和坚固性系数的敏感度与注水能力呈负相关关系，因此比较时需对其敏感度取函数值相反数，各主控影响因素敏感度函数值从大到小依次为：$M(f)>-M(D_T)>M(\varphi_e)>-M(D_f)>M(r_{\max})>M(r_{\min})$。

由表 2-3 可知，坚固性系数、迂曲度分形维数、有效孔隙率和体积分形维数的敏感度函数值均在 $|S|\geqslant1.00$ 区间，属于高敏感因子；而最大孔喉半径和最小孔喉半径分别属于中敏感因子和不敏感因子，因此坚固性系数、迂曲度分形维数、有效孔隙率和体积分形维数对注水能力的敏感性最强。

表 2-3　注水影响因素敏感度分类

敏感度函数值的绝对值	敏感度分类
$0.00\leqslant|S|\leqslant0.05$	不敏感
$0.05\leqslant|S|\leqslant0.20$	中度敏感
$0.20\leqslant|S|\leqslant1.00$	敏感
$|S|\geqslant1.00$	高度敏感

根据表 2-3 中的敏感度函数值，取各个影响因素的敏感度函数值占敏感度函数值总和的比值，对各影响因素敏感度函数值所占比例进行计算，结果如图 2-2 所示。坚固性系数、迂曲度分形维数、有效孔隙率和体积分形维数分别占总敏感度函数值的 58.846%、17.820%、12.004% 和 11.134%，最大孔喉半径和最小孔喉半径对注水影响较小，分别占敏感度函数值的 0.191% 和 0.004%，因此，影响煤体注水能力的主控影响因素为坚固性系数、迂曲度分形维数、有效孔隙率和体积分形维数。

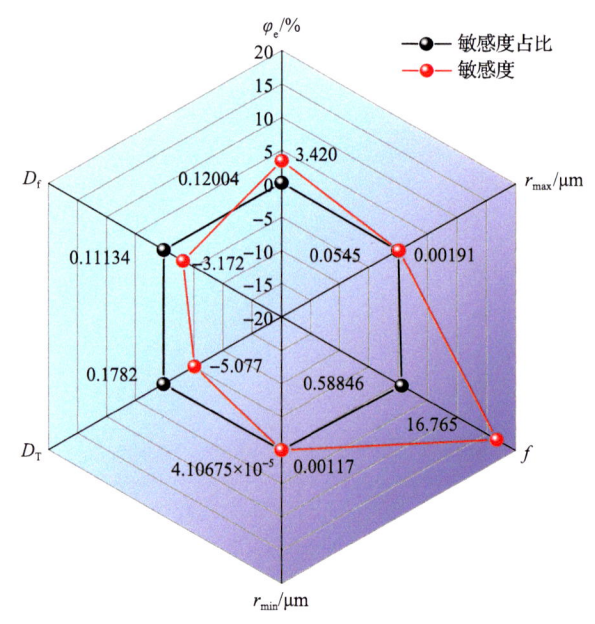

图 2-2　影响因素敏感度函数值所占比例示意图

2.3.3 基于 Morris 筛选法的煤层注水微观渗流模型简化

根据 Morris 筛选法得到的注水能力主控影响因素，对煤层注水微观渗流模型进行简化，由于上述研究结果表明影响煤体注水能力的主控影响因素为坚固性系数、迂曲度分形维数、有效孔隙率和体积分形维数，最大孔喉半径和最小孔喉半径对煤体注水渗流能力的影响较小，将最大孔喉半径和最小孔喉半径分别取平均值 151.5μm 和 0.81μm 代入式(2-12)中，简化后的渗流模型表达式为

$$Q = \frac{9.87 \times 10^{-6} 0.81^{D_f} \times 151.5^{1-\frac{D_T}{2}} \pi^{1-\frac{D_T}{2}} \varphi_e^{D_T} k_1 e^{-9.82(f-0.71)^2 + 0.29}}{2^{1-D_T}(1 - 0.6\ln\varphi_e)(1 - \varphi_e)^{\frac{D_T}{2}}(D_f - 1)^{D_T}} \quad (2\text{-}15)$$

式(2-15)即为简化后的煤层注水微观渗流模型，坚固性系数、有效孔隙率、迂曲度分形维数和体积分形维数为影响煤层渗流的主控影响因素，对渗流注水能力起主控作用，为后续进一步建立注水难易程度评价指标体系提供了理论模型基础。

2.3.4 主控影响因素作用规律分析

为了更准确地探究主控影响因素变化对注水能力的作用规律，结合上述煤层注水微观渗流模型，运用数值分析手段，探究渗流量随有效孔隙率、坚固性系数、迂曲度分形维数、体积分形维数 4 个主控影响因素的变化规律，并对煤层注水微观渗流模型进行求导，进一步探究渗流量的变化率随 4 个主控影响因素的变化规律。

首先对各主控影响因素在实际范围内均匀取值，基于控制变量法，选取一个主控影响因素进行多次取值，其他主控影响因素取平均值，分别代入渗流模型和求导后的模型进行数值解算取值，得到相应数据结果，综合探究主控因素的变化对注水能力的作用规律。

1) 坚固性系数作用规律分析

分别固定除坚固性系数外的其他主控影响因素，研究坚固性系数对注水能力的影响，坚固性系数的数值分析结果如图 2-3 所示。渗流量和坚固性系数的关系呈正弦函数曲线分布，存在一个临界坚固性系数 0.7 使得渗流量最大，当 $f<0.7$ 时，渗流量与坚固性系数呈正相关趋势，且渗流量的变化率随坚固性系数增加呈先增大后减小的趋势，表明煤层注水能力呈先迅速增强后缓慢增强的趋势；当 $f=0.7$ 时，渗流量达到最大值，注水效果达到最佳；当 $f>0.7$ 时，渗流量与坚固性系数呈负相关关系，且渗流量的变化率随坚固性系数增加呈先减小后增大的趋势，并逐渐趋近于 0，表明煤层注水能力呈先迅速降低后缓慢降低的趋势。

2) 迂曲度分形维数作用规律分析

将除迂曲度分形维数外的主控影响因素选取为固定值，改变煤体迂曲度分形维数来研究注水能力变化趋势，注水能力随迂曲度分形维数的变化趋势如图 2-4 所示。渗流量随着迂曲度分形维数增加呈现明显的非线性减小趋势，渗流量的变化率呈逐渐增大趋势，

(a) 渗流量随 f 的变化

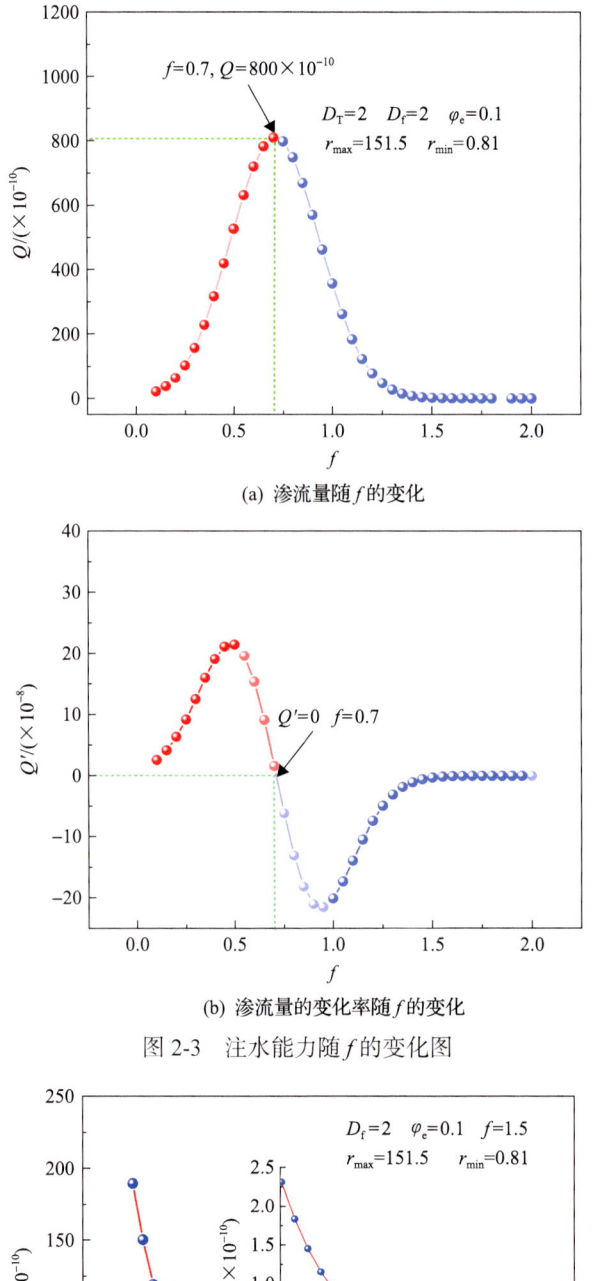

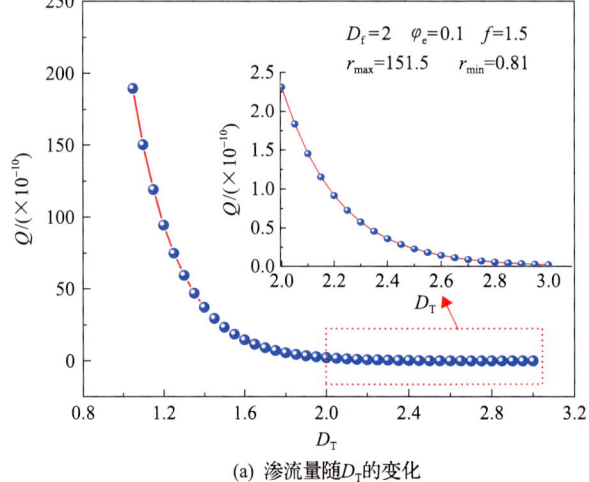

(b) 渗流量的变化率随 f 的变化

图 2-3　注水能力随 f 的变化图

(a) 渗流量随 D_T 的变化

$Q'=-8.32486\times10^{-6}\times475.711^{1-T/2}$
$\times 0.1^{D_T}\times 2^{D_T-1}$

(b) 渗流量的变化率随D_T的变化

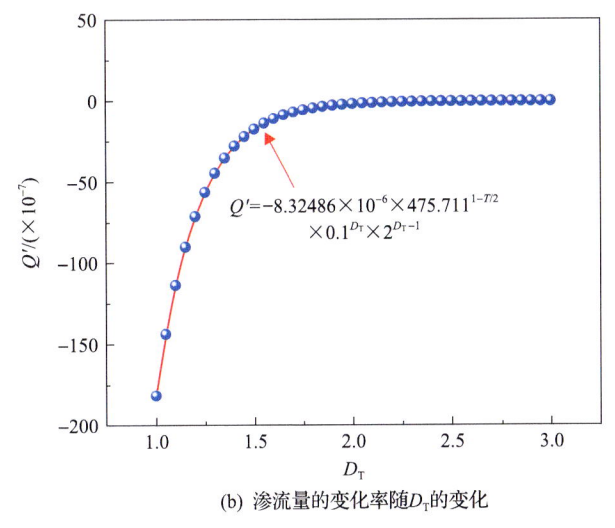

图 2-4 注水能力随 D_T 的变化图

绝对值逐渐减小，渗流量减小幅度逐渐降低，注水能力先迅速降低后缓慢降低；随迂曲度分形维数逐渐增大，接近 2 时，渗流量到达最小值，趋近于 0，水很难从孔裂隙中通过，渗流路径极度曲折，阻碍了更多水分在煤体中渗流，因此注水效果逐渐减弱。

3) 有效孔隙率作用规律分析

将除有效孔隙率外的主控影响因素取平均值，改变有效孔隙率，研究注水能力的变化趋势。如图 2-5 所示，渗流量随着有效孔隙率的增加呈现明显的非线性增加趋势，且渗流量的变化率呈逐渐增大趋势，表明随着有效孔隙率的增加，注水效果逐渐增强，且增强的趋势增大，这是因为有效孔隙率增加到一定程度，更多水分从孔裂隙中通过，打开孔裂隙通道，冲破了渗流通道中的阻力，渗流路径更畅通，连通的孔裂隙对渗流起主要贡献作用，从而增大了渗流量，注水效果显著增强。

4) 体积分形维数作用规律分析

为探究体积分形维数对注水效果的影响规律，分别固定除体积分形维数外其他主控影响因素，对其进行数值分析，结果如图 2-6 所示。渗流量随体积分形维数改变而变化的趋势与随迂曲度分形维数改变而变化的趋势相同，渗流量随着体积分形维数增加呈现明显的非线性减小趋势，但渗流量的变化率呈逐渐增加的趋势，绝对值逐渐减小，渗流量减小幅度逐渐降低，注水能力先迅速降低后缓慢降低，随着迂曲度分形维数和体积分形维数的不断增大，注水能力均呈现先迅速降低后缓慢降低的趋势，但渗流量随体积分形维数的增大而急剧下降的幅度，大于随迂曲度分形维数的增大而急剧下降的幅度；当体积分形维数接近 1.4 时，注水能力随体积分形维数增大趋近于 0，注水能力缓慢降低，基本没有水分在煤体孔裂隙中渗流通过。随着迂曲度分形维数和体积分形维数的不断增大，煤体内部的孔裂隙结构复杂程度增大，煤体内部毛细管的弯曲程度不断增大，水在煤体内流动的阻力变大，最后水在煤体中的流量逐渐趋近于 0。

(a) 渗流量随φ_e的变化

(b) 渗流量的变化率随φ_e的变化

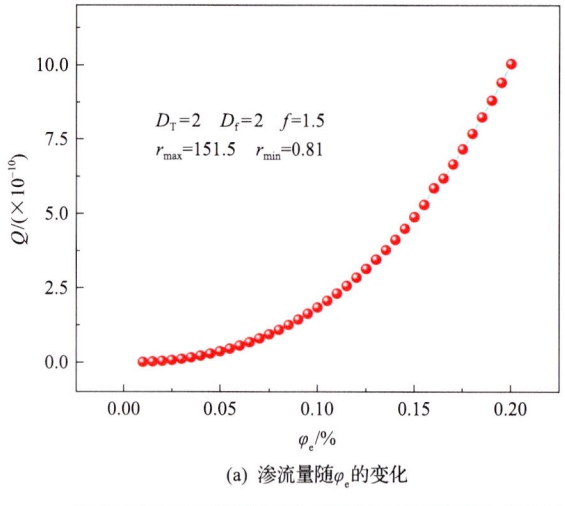

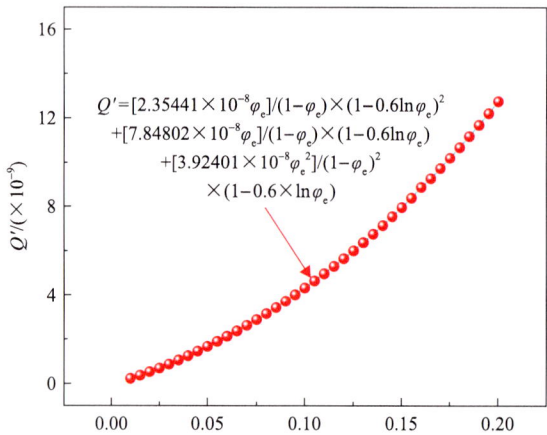

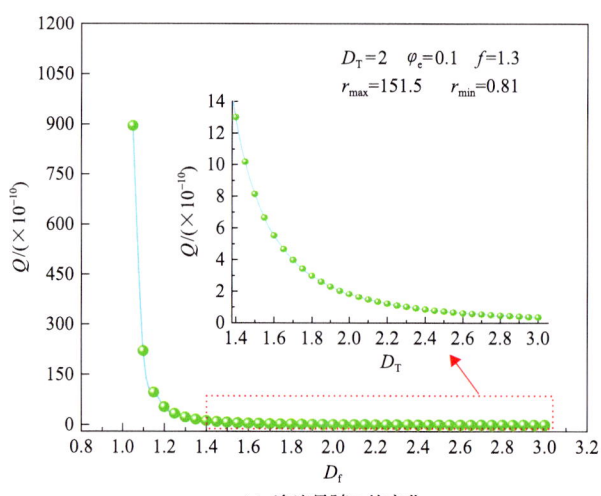

图 2-5　注水能力随 φ_e 的变化图

(a) 渗流量随D_f的变化

(b) 渗流量的变化率随 D_f 的变化

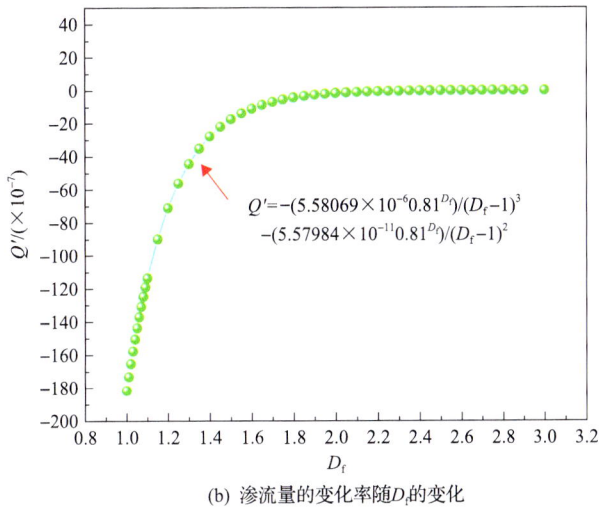

图 2-6 注水能力随 D_f 的变化图

$$Q'=-(5.58069\times10^{-6}0.81^{D_f})/(D_f-1)^3-(5.57984\times10^{-11}0.81^{D_f})/(D_f-1)^2$$

参 考 文 献

[1] 王德明. 矿井通风与安全[M]. 徐州: 中国矿业大学出版社, 2007.
[2] Gauden P A, Terzyk A P, Rychlicki G. The new correlation between microporosity of strictly microporous activated carbons and fractal dimension on the basis of the Polanyi-Dubinin theory of adsorption[J]. Carbon, 2001, 39(2): 267-278.
[3] Wang G, Shen J N, Lu S M, et al. Three-dimensional modeling and analysis of macro-pore structure of coal using combined X-ray CT imaging and fractal theory[J]. International Journal of Rock Mechanics and Mining Sciences, 2019, 123: 104082.
[4] Han W B, Zhou G, Gao D H, et al. Experimental analysis of the pore structure and fractal characteristics of different metamorphic coal based on mercury intrusion-nitrogen adsorption porosimetry[J]. Powder Technology, 2020, 362: 386-398.
[5] Comiti J, Renaud M. A new model for determining mean structure parameters of fixed beds from pressure drop measurements: Application to beds packed with parallelepipedal particles[J]. Chemical Engineering Science, 1989, 44(7): 1539-1545.
[6] 吴爱军, 赵文斌, 蒋承林. 温度对煤体坚固性系数的影响试验[J]. 安全与环境学报, 2015, 15(4): 103-107.
[7] 李红涛, 张瑞林. 坚固性系数对不同类型结构煤瓦斯渗透特性的影响[J]. 煤矿安全, 2015, 46(8): 19-21, 25.
[8] 徐刚, 金洪伟, 李树刚, 等. 不同坚固性系数 f 值煤渗透率分布特征及其井下水力压裂适用性分析[J]. 西安科技大学学报, 2019, 39(3): 443-451.
[9] 王刚, 王世斌, 李怀兴, 等. 考虑煤体孔-裂隙介尺度特征的水相渗流演化模型研究[J]. 岩石力学与工程学报, 2021, 40(8): 1547-1558.
[10] Yu B M, Cheng P. A fractal permeability model for bi-dispersed porous media[J]. International Journal of Heat and Mass Transfer, 2002, 45(14): 2983-2993.
[11] 杨赫. 注水煤样细观结构分形特征及渗透特性研究[D]. 青岛: 山东科技大学, 2018.
[12] 陈佳. 波浪和线性摩擦项修正的非定常 Ekamn 方程的数值解[D]. 杭州: 浙江大学, 2019.
[13] Huang J B, Wen J W, Wang B, et al. Parameter sensitivity analysis for a physically based distributed hydrological model based on Morris' screening method[J]. Journal of Flood Risk Management, 2020, 13(1): e12589.

第3章 VES清洁压裂液的配制及基础性能

相比于传统的压裂液，黏弹性表面活性剂(viscoelastic surfactant，VES)清洁压裂液因其简单的成胶及清洁的破胶原理，既能克服清水压裂液黏度低的不足，又能有效减轻压裂液破胶后对煤层产生的损害，破胶后溶液中几乎没有残渣，且溶液中的表面活性剂分子对煤层的增润作用，使其压裂煤层后可以直接润湿煤层，具有广阔的应用前景。

为强化煤层注水及润湿作用，本章首先通过测量黏度及剪切稳定性等，优选出具有良好压裂性能的高黏度季铵盐类阳离子VES清洁压裂液体系，并以破胶的清洁性为前提筛选出最优的破胶方案；最后通过测量流变、滤失及接触角等实验对筛选出来的压裂液体系进行评价。

3.1 VES清洁压裂液配方的确定

3.1.1 常见清洁压裂液主剂与辅剂的筛选

VES清洁压裂液具有多种添加剂，其中黏弹性表面活性剂可形成凝胶，将其称为压裂液主剂；具有增黏稠化作用的反离子称为压裂液辅剂。国内外可配制具有黏性胶束的表面活性剂如表3-1所示，通过对多种表面活性剂与反离子形成的凝胶情况进行对比，优选出最佳压裂液主剂和压裂液辅剂。

表3-1 国内外可配制具有黏性胶束的表面活性剂

表面活性剂种类	表面活性剂	无机反离子	有机反离子	状态	凝胶强度
阳离子型	十二烷基三甲基溴化铵(DTAB)	卤素离子	水杨酸根、十二烷基硫酸根和直链醇	流体	无
	十六烷基三甲基溴化铵(CTAB)	卤素离子	水杨酸根	凝胶	强
	十八烷基三甲基溴化铵(OTAB)	卤素离子	水杨酸根	凝胶	强
阴离子型	十六烷基溴化吡啶脂肪醇聚氧乙烯醚硫酸钠(AES)	卤素离子 氧化铝	水杨酸根	凝胶 乳状液	弱
			无		
两性离子型	十二烷基氧化叔胺(A0-12)	调节pH		乳状液	无
	十二烷基甜菜碱(BS-12)	卤素离子	十二烷基硫酸根、直链醇	流体	无
非离子型	烷醇酰胺(6501)	无机盐	AES	乳状液	无

通过对各种压裂液主剂和辅剂的成胶情况进行分析比较得出，十六烷基三甲基溴化铵、十八烷基三甲基溴化铵形成的凝胶黏弹性较强。而辅剂中，由于有机盐中的阴离子与表面活性剂分子中的阳离子相互吸引引力更强，相比于无机盐形成胶束能力更强，因

此有机盐的增黏效果更佳。

本章选择使用十六烷基三甲基溴化铵作为压裂液主剂，水杨酸钠作为压裂液辅剂，研究主剂十六烷基三甲基溴化铵和辅剂水杨酸钠组成的 VES 清洁压裂液体系。十六烷基三甲基溴化铵作为一种季铵盐，稳定性高，具有耐温、耐光、耐压等优点。十六烷基三甲基溴化铵作为一种去污剂常用于洗发剂等化妆产品中，它可以溶解细胞膜，对水生生物具有一定的危害性。因此，应避免在水源附近的煤矿大量使用十六烷基三甲基溴化铵，以防止操作及压裂过程中压裂液随地层流入水源中危害环境。辅剂水杨酸钠没有毒性，但遇火可燃，应避免明火和高热环境。除上述性质之外，VES 清洁压裂液的成分对环境无其他影响，十六烷基三甲基溴化铵(图 3-1)和水杨酸钠(图 3-2)两者生成凝胶的反应属于物理反应[1]，因此不会产生其他化学物质对环境产生影响。

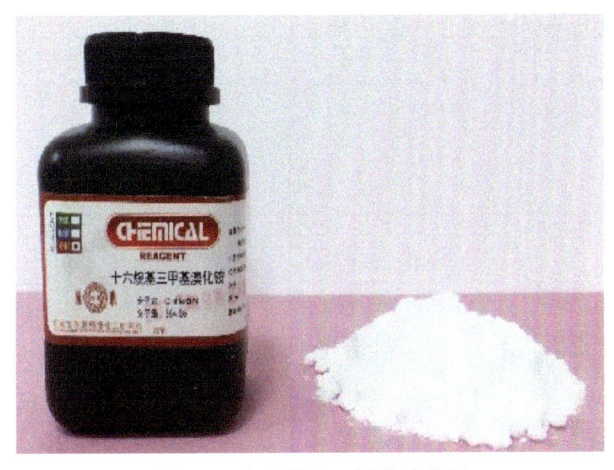

图 3-1 十六烷基三甲基溴化铵

图 3-2 水杨酸钠

3.1.2 实验药品及实验设备

本章所用到的药品及规格见表 3-2。

表 3-2　实验药品及规格

药品名	纯度	厂商
十六烷基三甲基溴化铵	分析纯	天津市光复精细化工研究所
水杨酸钠	分析纯	天津市致远化学试剂有限公司
氯化钾	分析纯	天津市光复科技发展有限公司
十二烷基硫酸钠	分析纯	天津市鼎盛鑫化工有限公司
过硫酸钠	分析纯	天津市光复科技发展有限公司
过硫酸铵	分析纯	天津市光复科技发展有限公司
汽油	分析纯	大庆中昆油润滑油有限公司
柴油	分析纯	大庆中昆油润滑油有限公司
润滑油	分析纯	大庆中昆油润滑油有限公司

本章所用到的仪器设备见表 3-3。

表 3-3　实验仪器设备

设备名称	生产厂商
ZNN-D12 型数显黏度计	上海庚庚仪器设备有限公司
GGSD71 型高温高压动态滤失仪	青岛鑫睿德石油仪器有限公司
YP-15 粉末压片机	天津市天光光学仪器有限公司
光学接触角测量仪	德国 KRUSS 科学仪器(上海)有限公司
TGL-20B 离心机	上海安亭科学仪器厂
DHG-9030 真空干燥箱	天津市赛多利斯实验分析仪器制造厂
电子天平	杭州万特衡器有限公司

3.1.3　剪切黏度的实验与分析

压裂液的黏度大小是评价压裂液性能的一个主要指标，足够的黏度可以利用水力尖劈作用在煤层中形成较大较多的裂缝，因此黏度决定着压裂效果的好坏。剪切黏度模拟了压裂液在压裂过程中的流动状态。VES 压裂液的剪切黏度主要受其表面活性剂的性质及浓度、反离子盐的性质及浓度影响。因此，在确定了表面活性剂和反离子盐的基础上，需要对两者的浓度配比进行剪切黏度实验。5%以下的低浓度阳离子表面活性剂与水杨酸钠即可形成所需黏度的压裂液。

实验方法：本实验在室温下使用蒸馏水配置不同浓度(质量分数)的 CTAB 溶液(1%、2%、3%、4%、5%)和水杨酸钠溶液(NaSal)(0.5%、1%、1.5%、2%、2.5%、3%、3.5%、4%)，对每一浓度的 CTAB 加入不同浓度的 NaSal 配置成 400mL VES 清洁压裂液，充分混合搅拌 2min 后，如图 3-3 所示。使用十二速旋转黏度计以不同剪切速率剪切 20min 后测量各个浓度配比的剪切黏度并进行比较。

(a) 加入水杨酸钠之前　　　　　　　(b) 加入水杨酸钠之后

图 3-3　VES 清洁压裂液加入水杨酸钠前后对比图

1. 1%CTAB+不同浓度 NaSal 制备的 VES 清洁压裂液的剪切黏度

配制 CTAB 浓度为 1%、NaSal 浓度递增的 VES 清洁压裂液，设置不同的剪切速率，测定不同条件下压裂液的剪切黏度，实验数据如表 3-4 和图 3-4 所示。

表 3-4　1%CTAB+不同浓度 NaSal 制备的 VES 清洁压裂液在不同剪切速率下的剪切黏度

NaSal 浓度/%	不同剪切速率下的剪切黏度/(mPa·s)							
	$1s^{-1}$	$5s^{-1}$	$10s^{-1}$	$51s^{-1}$	$102s^{-1}$	$153s^{-1}$	$170s^{-1}$	$306s^{-1}$
0.5	42	41	38	30	26	23	21	10
1	72	69	70	61	57	49	42	23
1.5	81	81	79	72	66	53	45	23
2	70	65	65	56	55	48	43	29
2.5	87	85	82	73	64	54	46	32
3	80	79	75	70	62	52	45	30
3.5	72	68	66	61	55	48	41	28
4	75	78	76	67	60	51	45	27

VES 分子与水杨酸根离子紧密交联形成高黏弹性空间网状结构。由图 3-4 可知，当 CTAB 浓度为 1%，NaSal 浓度为 0.5%时，VES 清洁压裂液的剪切黏度最大可达 42mPa·s 左右，并且随着剪切速率的增加剪切黏度逐渐减小。而当 NaSal 浓度大于等于 1%时，受 CTAB 浓度的限制，VES 清洁压裂液的最大剪切黏度始终保持在 70~87mPa·s，同样随着剪切速率的增加，剪切黏度逐渐减小。

2. 2%CTAB+不同浓度 NaSal 制备的 VES 清洁压裂液的剪切黏度

配制 CTAB 浓度为 2%、NaSal 浓度递增的 VES 清洁压裂液，设置不同的剪切速率，测定不同条件下压裂液的剪切黏度，实验数据如表 3-5 和图 3-5 所示。

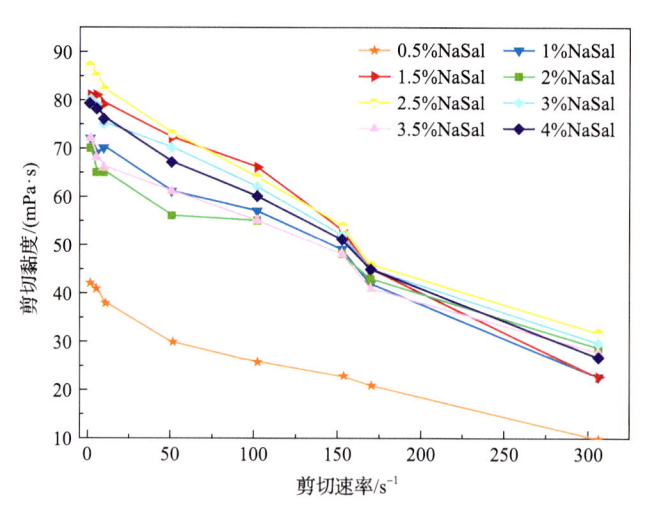

图 3-4　1%CTAB+不同浓度 NaSal 制备的 VES 清洁压裂液剪切黏度的变化曲线

表 3-5　2%CTAB+不同浓度 NaSal 制备的 VES 清洁压裂液在不同剪切速率下的剪切黏度

NaSal 浓度/%	不同剪切速率下的剪切黏度/(mPa·s)							
	$1s^{-1}$	$5s^{-1}$	$10s^{-1}$	$51s^{-1}$	$102s^{-1}$	$153s^{-1}$	$170s^{-1}$	$306s^{-1}$
0.5	59	59	57	55	49	40	36	18
1	91	90	91	88	81	76	73	59
1.5	121	120	119	116	110	103	98	82
2	127	127	125	123	117	108	101	87
2.5	135	133	131	126	118	105	100	79
3	125	126	126	122	115	107	100	85
3.5	124	123	120	117	112	111	105	88
4	123	126	125	118	110	104	99	83

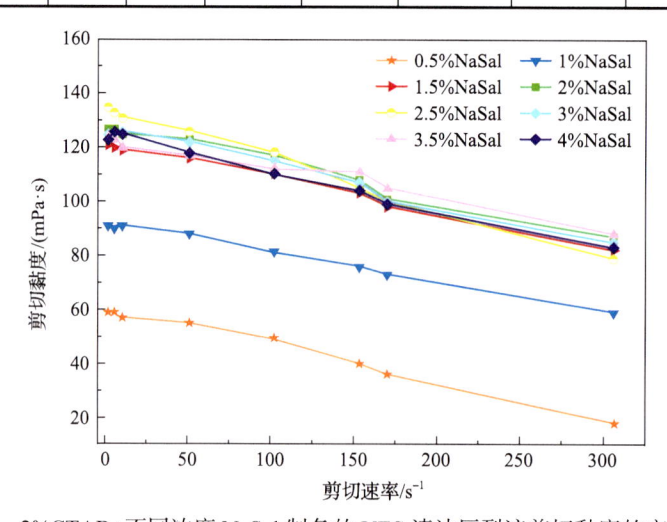

图 3-5　2%CTAB+不同浓度 NaSal 制备的 VES 清洁压裂液剪切黏度的变化曲线

由图 3-5 可看出，当 CTAB 浓度为 2%时，随着 NaSal 浓度的增加，VES 清洁压裂液的剪切黏度逐渐增大，并在 NaSal 浓度大于等于 1.5%时，最大剪切黏度稳定在 121～135mPa·s，且随着剪切速率的增加，剪切黏度逐渐减小。

3. 3%CTAB+不同浓度 NaSal 制备的 VES 清洁压裂液的剪切黏度

配制 CTAB 浓度为 3%、NaSal 浓度递增的 VES 清洁压裂液，设置不同的剪切速率，测定在不同条件下压裂液的剪切黏度，实验数据如表 3-6 和图 3-6 所示。

表 3-6　3%CTAB+不同浓度 NaSal 制备的 VES 清洁压裂液在不同剪切速率下的剪切黏度

NaSal 浓度/%	不同剪切速率下的剪切黏度/(mPa·s)							
	$1s^{-1}$	$5s^{-1}$	$10s^{-1}$	$51s^{-1}$	$102s^{-1}$	$153s^{-1}$	$170s^{-1}$	$306s^{-1}$
0.5	35	33	32	29	21	15	12	5
1	120	120	119	115	109	103	99	85
1.5	217	215	216	214	211	205	201	150
2	237	236	235	230	223	219	215	180
2.5	250	250	249	243	236	227	221	186
3	241	240	238	235	228	222	218	180
3.5	232	232	231	230	227	220	215	173
4	240	245	242	239	238	229	218	177

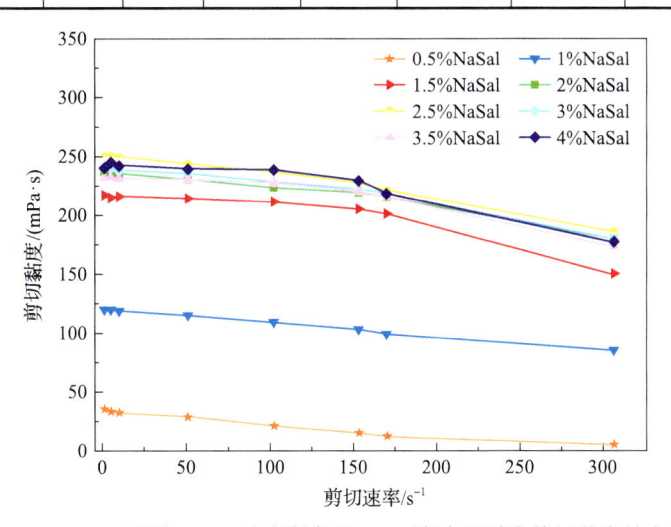

图 3-6　3%CTAB+不同 NaSal 浓度制备的 VES 清洁压裂液剪切黏度的变化曲线

由图 3-6 可看出，CTAB 浓度为 3%时，随着 NaSal 浓度的增加，VES 清洁压裂液最大剪切黏度为 250mPa·s，此时 NaSal 浓度为 2.5%。相较于 CTAB 浓度为 2%时，最大剪切黏度大幅增加。

4. 4%CTAB+不同浓度 NaSal 制备的 VES 清洁压裂液的剪切黏度

配制 CTAB 浓度为 4%、NaSal 浓度递增的 VES 清洁压裂液，设置不同剪切速率，测定在不同条件下压裂液的剪切黏度，实验数据如表 3-7 和图 3-7 所示。

表 3-7 4%CTAB+不同浓度 NaSal 制备的 VES 清洁压裂液在不同剪切速率下的剪切黏度

NaSal 浓度/%	不同剪切速率下的剪切黏度/(mPa·s)							
	$1s^{-1}$	$5s^{-1}$	$10s^{-1}$	$51s^{-1}$	$102s^{-1}$	$153s^{-1}$	$170s^{-1}$	$306s^{-1}$
0.5	25	26	25	26	21	15	12	3
1	125	123	123	118	101	92	86	65
1.5	300	300	303	299	293	285	280	253
2	333	331	330	325	318	313	309	284
2.5	346	346	344	336	329	321	315	298
3	355	356	352	345	338	327	322	301
3.5	347	350	349	343	338	329	325	310
4	339	341	340	339	331	325	322	303

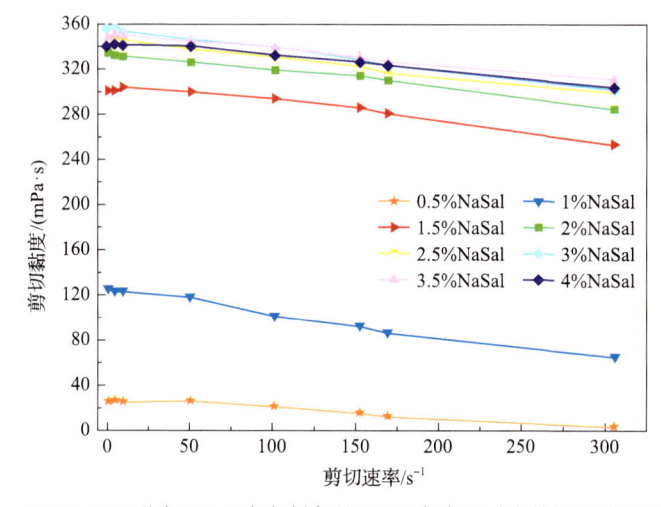

图 3-7 4%CTAB+不同 NaSal 浓度制备的 VES 清洁压裂液剪切黏度的变化曲线

由图 3-7 可看出，CTAB 浓度为 4%时，VES 清洁压裂液最大剪切黏度为 356mPa·s，其相较于 CTAB 浓度为 3%时仍大幅增加，当剪切速率为 $300s^{-1}$ 时，剪切黏度可以稳定在 300mPa·s 左右，可满足基本要求。

5. 5%CTAB+不同浓度 NaSal 制备的 VES 清洁压裂液的剪切黏度

配制 CTAB 浓度为 5%、NaSal 浓度递增的 VES 清洁压裂液，设置不同剪切速率，测定在不同条件下压裂液的黏度，实验数据如表 3-8 和图 3-8 所示。

表 3-8 5%CTAB+不同浓度 NaSal 制备的 VES 清洁压裂液在不同剪切速率下的剪切黏度

NaSal 浓度/%	不同剪切速率下的剪切黏度/(mPa·s)							
	$1s^{-1}$	$5s^{-1}$	$10s^{-1}$	$51s^{-1}$	$102s^{-1}$	$153s^{-1}$	$170s^{-1}$	$306s^{-1}$
0.5	40	39	35	32	23	15	10	3
1	103	105	106	100	92	83	79	60
1.5	320	318	317	314	309	303	301	268

续表

NaSal 浓度/%	不同剪切速率下的剪切黏度/(mPa·s)							
	1s⁻¹	5s⁻¹	10s⁻¹	51s⁻¹	102s⁻¹	153s⁻¹	170s⁻¹	306s⁻¹
2	352	351	351	345	336	329	325	302
2.5	369	366	368	362	356	348	341	323
3	383	383	385	375	367	359	354	340
3.5	379	377	376	369	360	358	356	332
4	389	388	388	378	369	362	359	336

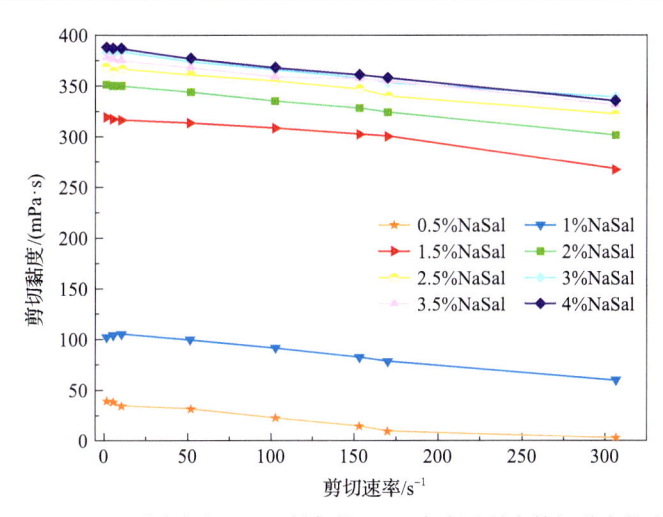

图 3-8 5%CTAB+不同浓度 NaSal 制备的 VES 清洁压裂液剪切黏度的变化曲线

由图 3-8 可看出，CTAB 浓度为 5%时，VES 清洁压裂液最大剪切黏度在 380mPa·s 左右，其相较于 CTAB 浓度为 4%时增长幅度较小。

6. 不同浓度 CTAB+不同浓度 NaSal 制备的 VES 清洁压裂液的比较

根据中国石油天然气行业标准《水基压裂技术要求》(SY/T 7627—2021)要求，以剪切速率 170s⁻¹ 为参考，比较不同浓度添加剂下 VES 清洁压裂液的剪切黏度，如图 3-9 所示。

图 3-9 显示了不同 NaSal 浓度的压裂液体系下相对应的剪切黏度。可以看出，当 CTAB 添加量一定时，随着促进剂 NaSal 添加量的增加压裂液剪切黏度逐渐增大到最大值后趋于稳定。其中，1%CTAB 的压裂液剪切黏度变化幅度不大且始终低于 50mPa·s，因此不符合标准要求。2%CTAB 和 3%CTAB 的压裂液剪切黏度最大值分别在 100mPa·s 和 200mPa·s 左右。当 CTAB 浓度较高(4%、5%)时，压裂液需添加 3%以上的 NaSal 才能获得剪切黏度峰值。剪切黏度峰值的大小受 CTAB 浓度控制，CTAB 浓度越大，峰值越大。CTAB 浓度为 3%以上的压裂液最大剪切黏度可达 300mPa·s 以上。值得注意的是，在 NaSal 浓度为 0.5%时，CTAB 浓度较低的压裂液比 CTAB 浓度较高的压裂液体系剪切黏度要高，这表明当表面活性剂与反离子添加量的比值过大时，可能会抑制胶束形成，导致压裂液

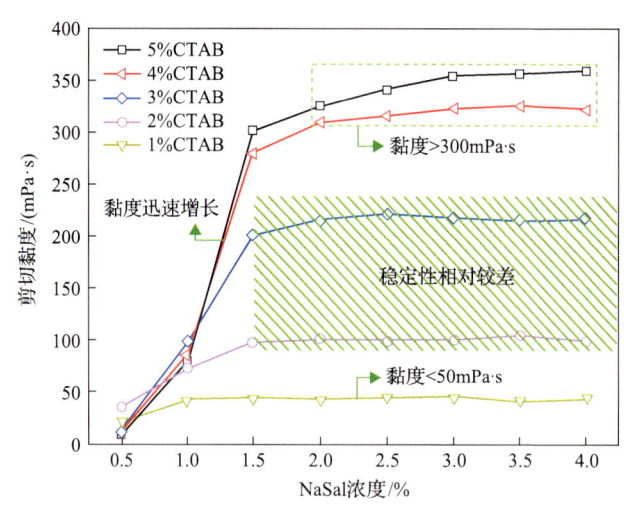

图 3-9　不同浓度 CTAB+不同浓度 NaSal 制备的 VES 清洁压裂液剪切黏度的变化比较

剪切黏度降低。实验最后确定 CTAB 浓度为 1%的压裂液体系在剪切黏度上是不符合标准要求的，而 CTAB 浓度为 4%以上、NaSal 浓度为 2%以上时，压裂液的剪切黏度可以达到 300mPa·s 以上。

3.1.4　剪切稳定性的实验与分析

除了考虑剪切黏度，压裂液还需要具备长时间的剪切稳定性，以保证压裂液不因温度或流速变化引起黏度大幅度降低，因此在压裂施工过程中需提供稳定的剪切黏度以保证顺利施工。在剪切黏度试验的基础上选择剪切黏度符合要求的压裂液配比进行剪切稳定性的测定及比较。

实验方法：在室温下，将不同浓度配比的 400mL 压裂液体系搅拌 2min，使用十二速旋转黏度计以 $170s^{-1}$ 的剪切速率剪切 2h（剪切时间根据现场压裂施工时间确定），观察记录其间各个配比的黏度变化情况。

1. 2%CTAB+不同浓度 NaSal 制备的 VES 清洁压裂液的剪切稳定性

配制 CTAB 浓度为 2%、NaSal 浓度递增的 VES 清洁压裂液，在剪切速率为 $170s^{-1}$ 的条件下剪切 2h，测定其剪切稳定性，实验数据如表 3-9 和图 3-10 所示。

表 3-9　2%CTAB+不同浓度 NaSal 制备的 VES 清洁压裂液的剪切稳定性

NaSal 浓度/%	不同剪切时间下的剪切黏度/(mPa·s)								
	0min	10min	15min	20min	40min	60min	80min	100min	120min
0.5	9	18	36	35	38	33	25	20	16
1	15	50	61	73	70	65	59	54	48
1.5	30	61	83	100	101	98	85	83	75
2	32	56	75	101	105	103	90	86	77
3	34	55	81	100	99	99	98	90	85
4	32	60	86	99	103	101	95	89	86

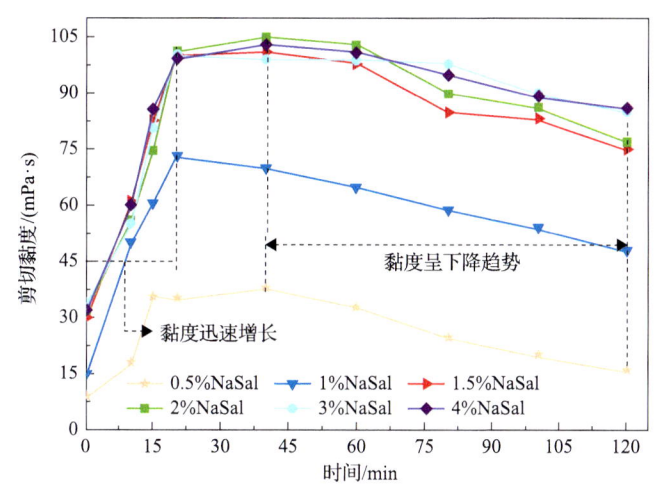

图 3-10 2%CTAB+不同浓度 NaSal 制备的 VES 清洁压裂液的剪切稳定性变化曲线

由图 3-10 可以看出，CTAB 浓度为 2%时，VES 清洁压裂液稳定性较差，剪切 20min 内压裂液剪切黏度呈现明显上升的趋势，其中以 2%CTAB+4%NaSal 体系性能最好，尽管最高剪切黏度可达 100mPa·s 以上，但是剪切 60min 后，压裂液剪切黏度开始呈现明显下降趋势，剪切 120min 后剪切黏度为 86mPa·s，无法满足要求。

2. 3%CTAB+不同浓度 NaSal 制备的 VES 清洁压裂液剪切稳定性

配制 CTAB 浓度为 3%、NaSal 浓度递增的 VES 清洁压裂液，在剪切速率为 $170s^{-1}$ 的条件下剪切 2h，测其剪切稳定性，实验数据如表 3-10 和图 3-11 所示。

表 3-10 3%CTAB+不同浓度 NaSal 制备的 VES 清洁压裂液的剪切稳定性

NaSal 浓度/%	不同剪切时间下的剪切黏度/(mPa·s)								
	0min	10min	15min	20min	40min	60min	80min	100min	120min
0.5	9	15	19	25	14	12	12	11	10
1	26	70	89	101	105	99	90	90	80
1.5	63	98	156	210	220	219	220	215	208
2	61	105	160	218	228	229	227	224	220
3	60	100	165	216	215	210	212	209	201
4	60	90	201	199	198	196	192	189	185

由图 3-11 可以看出，CTAB 浓度为 3%时，VES 清洁压裂液剪切稳定性较好，配合浓度高于 1.5%的 NaSal，随着剪切时间的延长，剪切黏度可达 200mPa·s 以上，在剪切 80min 左右时剪切黏度呈现下降趋势。其中，以 3%CTAB+2%NaSal 体系性能最好，压裂液剪切 120min 该体系剪切黏度仍可保持在 220mPa·s 左右。

3. 4%CTAB+不同浓度 NaSal 制备的 VES 清洁压裂液的剪切稳定性

配制 CTAB 浓度为 4%、NaSal 浓度递增的 VES 清洁压裂液，在剪切速率为 $170s^{-1}$

的条件下剪切 2h，测其剪切稳定性，实验数据如表 3-11 和图 3-12 所示。

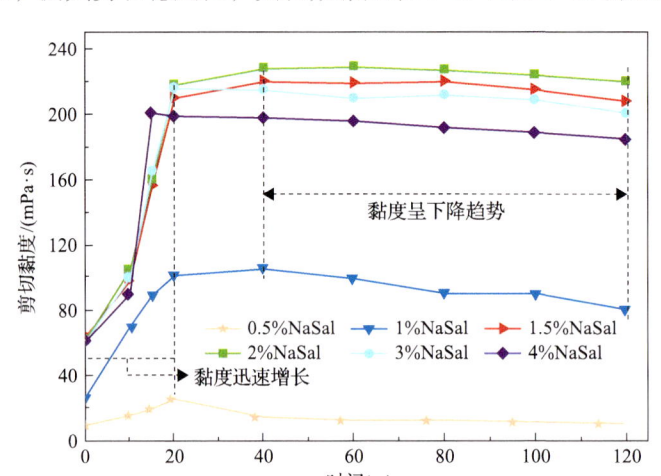

图 3-11　3%CTAB+不同浓度 NaSal 制备的 VES 清洁压裂液的剪切稳定性变化曲线

表 3-11　3%CTAB+不同浓度 NaSal 制备的 VES 清洁压裂液的剪切稳定性

NaSal 浓度/%	不同剪切时间下的剪切黏度/(mPa·s)								
	0min	10min	15min	20min	40min	60min	80min	100min	120min
0.5	9	12	11	13	15	11	10	8	8
1	35	70	85	90	85	78	70	61	49
1.5	130	241	250	259	263	267	260	259	258
2	150	280	320	335	331	335	360	365	365
3	165	290	325	330	339	345	356	356	355
4	170	301	320	339	345	356	369	370	373

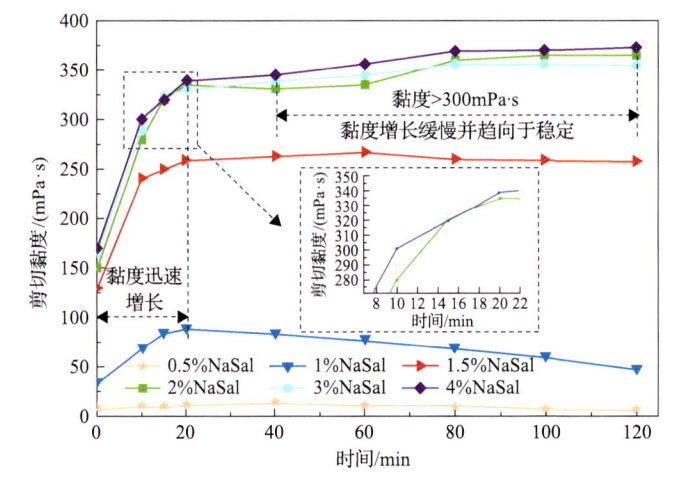

图 3-12　4%CTAB+不同 NaSal 浓度制备的 VES 清洁压裂液的剪切稳定性变化曲线

由图 3-12 可以看出，CTAB 浓度为 4%时，配合浓度高于 2%的 NaSal，VES 清洁压裂液最大黏度可达 350mPa·s 以上，且稳定性高，在 120min 剪切时间里黏度没有降低的趋势甚至仍然呈增长趋势，因此可以满足压裂要求。

4. 5%CTAB+不同浓度 NaSal 制备的 VES 清洁压裂液的剪切稳定性

配制 CTAB 浓度为 5%、NaSal 浓度递增的 VES 清洁压裂液，在剪切速率为 $170s^{-1}$ 的条件下剪切 2h，测其剪切稳定性，实验数据如表 3-12 和图 3-13 所示。

表 3-12 5%CTAB+不同浓度 NaSal 制备的 VES 清洁压裂液的剪切稳定性

NaSal 浓度/%	不同剪切时间下的剪切黏度/(mPa·s)								
	0min	10min	15min	20min	40min	60min	80min	100min	120min
0.5	9	8	10	10	9	9	8	7	7
1	32	56	67	78	79	70	61	55	46
1.5	160	278	291	301	305	315	310	305	299
2	150	280	320	325	338	342	359	363	365
3	170	300	320	336	354	360	367	370	370
4	170	298	311	339	342	356	366	377	376

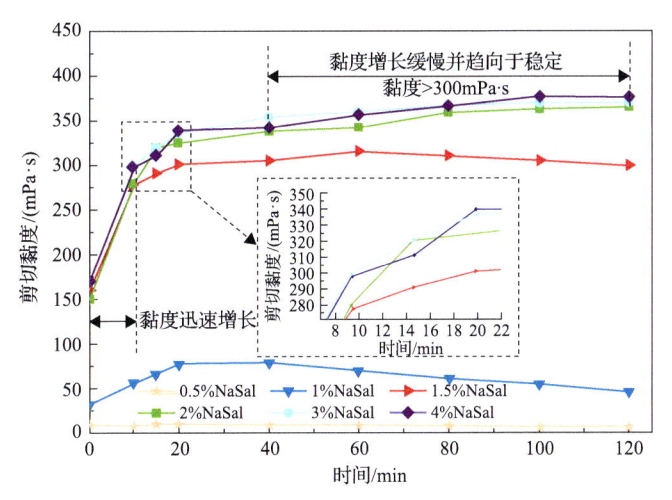

图 3-13 5%CTAB+不同 NaSal 浓度制备的 VES 清洁压裂液的剪切稳定性变化曲线

由图 3-13 可以看出，CTAB 浓度为 5%时，VES 清洁压裂液稳定性与 CTAB 浓度为 4%时相似，即最大剪切黏度可达 350mPa·s 以上，在 120min 剪切时间里剪切黏度始终呈增长趋势。

综上所述，CTAB 和 NaSal 浓度越高，压裂液剪切黏度越大，剪切稳定性越高。而剪切黏度低的压裂液剪切稳定性差可能是因为网状胶束结构较少，随着剪切的进行，胶束结构稀散较快，因此流动性增强，黏度呈降低趋势，而这种剪切对含有网状胶束结构多的高黏度压裂液的影响相对较小。4%CTAB、5%CTAB 对应的稳定性高的压裂液体系中，NaSal 浓度均高于 2%。因此，4%CTAB 配合 2%NaSal 的压裂液体系即可符合要求。综合考虑黏度要求和经济成本最终确定本压裂液主剂和辅剂选择 4%CTAB+2%NaSal。

3.1.5 无机盐使用量的确定

煤层中具有大量的黏土矿物，当这些黏土矿物遇到压裂液时会发生一定的水化膨胀，从而使煤层渗透率受到伤害[2]。无机盐具有良好的抑制水化效果，在压裂液中加入适量的无机盐类可以提高压裂液的矿化度，抑制了黏土水化膨胀的能力。现场中常见的盐类有 NaCl、KCl、NH_4Cl、$CaCl_2$、$MgCl_2$、$AlCl_3$ 和 $TiCl_4$，考察不同无机盐对 4%CTAB+2%NaSal 压裂液体系黏度的影响，发现压裂液体系的黏度与加入的无机盐阳离子价数成反比关系，压裂液体系的黏度随着无机盐阳离子价数的增加而降低，而同价的无机盐阳离子(Na^+、K^+、NH_4^+)没有这种影响，对体系的黏度影响不大[3]。

一般来说，用作防膨剂的无机阳离子(如 Na^+、Ca^{2+}、Al^{3+}等)耐久性差。但对于含 K^+ 的无机盐，因为 K^+ 的直径(2.66Å)与黏土矿物晶层表面氧层的六角环直径(2.8Å)相近。所以 K^+ 正好进入六角环中并被牢固吸附，增强黏土晶层间的吸引力，因此 KCl 能更好地防止黏土水化膨胀[4]。本实验选择 KCl 作为防膨剂，为探究无机盐对压裂液体系的影响，现对 KCl 添加量进行实验确定。

实验方法：按照筛选出的压裂液体系浓度：4%CTAB+2%NaSal，配置 6 份 400mL 压裂液，其中 5 份溶液中依次含有 1%、2%、3%、4%、5%（质量分数）的 KCl，探究不同浓度 KCl 溶液对压裂液黏度的影响，使用旋转黏度计以 $170s^{-1}$ 的剪切速率对 6 份压裂液分别剪切 20min 后测量其黏度进行比较。

实验数据如表 3-13 和图 3-14 所示。

表 3-13 不同浓度的 KCl 对应的压裂液黏度

KCl 浓度/%	压裂液黏度/(mPa·s)
1	310
2	320
3	315
4	311
5	310

由图 3-14 可以看出，加入不同浓度的 KCl 溶液后 VES 清洁压裂液黏度存在小幅度变化，随着 KCl 浓度的增加，VES 清洁压裂液的黏度先逐渐升高后逐渐降低，KCl 浓度为 2%时黏度最高，为 320mPa·s。但整体上 KCl 浓度对 VES 清洁压裂液的黏度影响较小，变化幅度不超过 10mPa·s。有研究表明，无机盐浓度越高防膨效果越佳，但浓度过高时会产生"盐析效应"，抑制 NaSal 反离子的增黏作用[4]。无机盐和有机盐的合理搭配有利于无机盐和有机盐同时插入 CTAB 阳离子极性头之间，更加有效地降低 CTAB 阳离子极性头的静电排斥力，使得 CTAB 可以在较低浓度下形成具有三维结构的蠕虫状胶束，因此 VES 清洁压裂液体系黏度随着 KCl 浓度的提高而升高，但是进一步提高 KCl 浓度会导致无机盐和有机盐之间的竞争性吸附，导致部分有机盐的解吸附，因此 VES 清洁压裂液体系的黏度反而有所降低。

同时，阳离子表面活性剂在水中可以离解出表面活性阳离子进而吸附在黏土上，既可以中和电性，又可以达到抑制黏土水化膨胀的作用。因此，基于本实验最终选择2%KCl作为防膨剂。

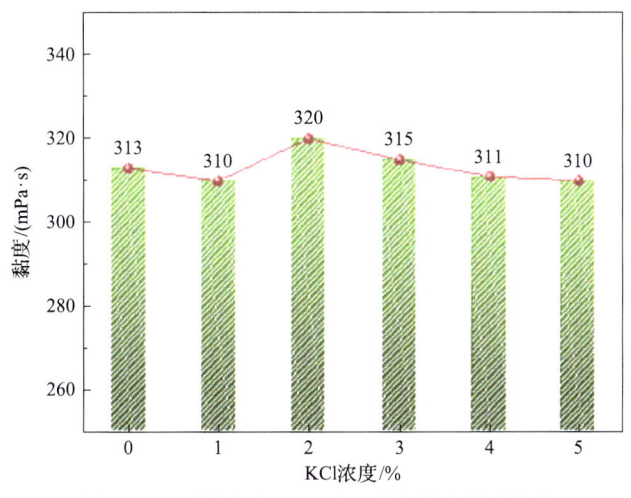

图 3-14 不同浓度 KCl 对压裂液黏度影响曲线

3.2 VES 清洁压裂液破胶方式优选

3.2.1 强氧化剂的破胶性能

选择过硫酸钠、过硫酸铵对 4%CTAB+2%NaSal+2%KCl 压裂液体系进行破胶实验。

1. 破胶时间与强氧化剂用量的测定

实验方法：分别向 100mL 4%CTAB+2%NaSal+2%KCl 压裂液体系中加入不同量的过硫酸钠和过硫酸铵，测试两者用量与破胶黏度（黏度<5mPa·s）的关系，选择最佳破胶用量，并记录两者破胶时间与黏度的关系。

向 4%CTAB+2%NaSal+2%KCl 压裂液体系中加入不同量的过硫酸钠和过硫酸铵，压裂液黏度变化数据如表 3-14、表 3-15 和图 3-15、图 3-16 所示。

表 3-14 过硫酸钠的破胶情况

过硫酸钠浓度/%	不同破胶时间下 VES 清洁压裂液的黏度/(mPa·s)					
	1min	10min	20min	30min	40min	60min
0.5	152	46	46	46	45	46
1	78	20	19	18	19	19
1.5	30	3	2	2	2	2
2	10	2	2	1	1	1

表 3-15 过硫酸铵的破胶情况

过硫酸铵浓度/%	不同破胶时间下 VES 清洁压裂液的黏度/(mPa·s)					
	1min	10min	20min	30min	40min	60min
0.5	186	67	52	50	51	50
1	95	31	20	20	19	19
1.5	41	5	3	2	2	2
2	9	3	2	3	1	1

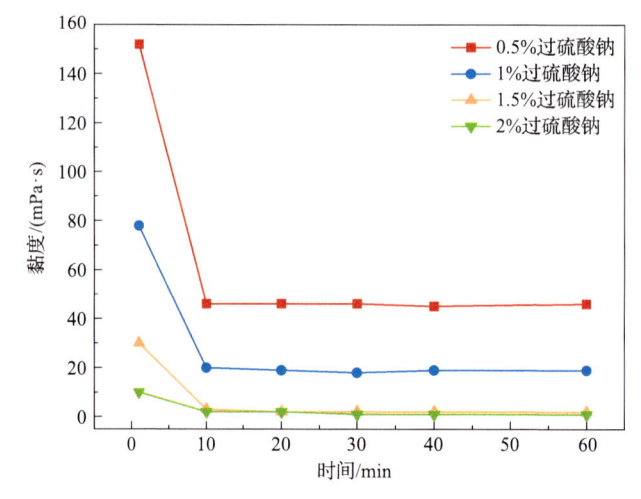

图 3-15 过硫酸钠破胶黏度变化曲线

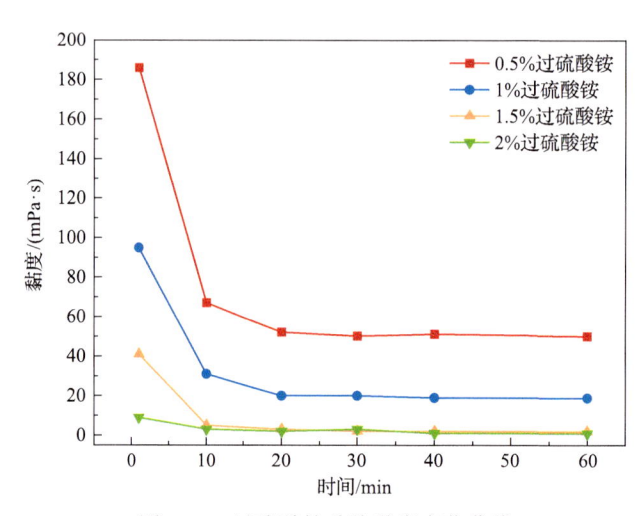

图 3-16 过硫酸铵破胶黏度变化曲线

由图 3-15 和图 3-16 可以看出，1.5%过硫酸钠与 1.5%过硫酸铵均可以使 VES 清洁压裂液完全破胶，且破胶时间较短，10min 左右即可使 VES 清洁压裂液的黏度降低至 3mPa·s，之后几乎不再变化。

2. 破胶伤害残渣量的测定

测定压裂液破胶后残渣的质量是一个可以比较直观又简便地鉴定压裂液破胶后清洁性的方法，较低的残渣量可以减少水不溶物对煤层孔裂隙的堵塞，增大润湿面积。根据行业标准《水基压裂液技术要求》(SY/T 7627—2021)要求，黏弹性表面活性剂破胶液残渣含量不超过 100mg/L。破胶液残渣含量 η 的计算公式为

$$\eta = \frac{m_{2n} - m_{1n}}{V_0} \times 1000 \tag{3-1}$$

其中，η 为破胶液残渣含量，mg/L；m_{1n} 为空烧杯质量，mg；m_{2n} 为盛有残渣烧杯的质量，mg；V_0 为压裂液用量，mL。

实验方法：选取浓度为 1.5%的过硫酸钠和过硫酸铵完全破胶后的破胶液，分别将过硫酸钠、过硫酸铵完全破胶液移入 5 个 50mL 的离心管中，利用离心机在 3000r/min 的转速下离心 30min，使用针管将分层的清液抽出以便与残渣液分离，随后将残渣液倒入 5 个已称重的空烧杯中并放入恒温电热干燥箱烘烤，在温度 105℃±1℃的条件下烘干至恒量，测量 5 个烧杯的残渣量。

破胶液(破胶后的压裂液)如图 3-17 所示。残渣的测量结果如表 3-16 和表 3-17 所示。

(a) 过硫酸钠破胶后的压裂液　　(b) 过硫酸铵破胶后的压裂液

图 3-17　过硫酸钠和过硫酸铵破胶后的压裂液

表 3-16　过硫酸钠破胶液残渣质量和残渣含量

序号	残渣质量/mg	残渣含量/(mg/L)
1	356	17.8
2	420	21
3	500	25
4	362	18.1
5	482	24.1

表 3-17　过硫酸铵破胶液残渣质量和残渣含量

序号	残渣质量/mg	残渣含量/(mg/L)
1	232	11.6
2	378	18.9
3	435	21.75
4	375	18.75
5	298	14.9

如图 3-17 所示，过硫酸钠和过硫酸铵破胶液中存在明显的固态残渣。经测量，残渣量较多，过硫酸钠测得的 5 份残渣含量均值为 21.2mg/L，过硫酸铵测得的 5 份残渣含量均值为 17.18mg/L，两者均不符合清洁破胶的理念。强氧化剂通过将胶束所带电荷由电中性变为电负性而实现破胶，胶束电荷之间互相排斥分裂为球状胶束完成破胶。但这其中不排除破胶剂与 VES 压裂液发生了某种化学反应而产生了固体杂质。

3.2.2　阴离子表面活性剂的破胶性能

选择阴离子表面活性剂十二烷基硫酸钠（SDS）对 4%CTAB+2%NaSal+2%KCl 压裂液体系进行破胶实验。

1. 破胶时间与阴离子表面活性剂用量的测定

实验方法：向 100mL 4%CTAB+2%NaSal+2%KCl 压裂液体系中加入不同量的 SDS，测试 SDS 用量与破胶黏度（黏度<5mPa·s）的关系，并记录黏度随破胶时间的变化。最后测量完全破胶后的残渣量。

破胶情况如表 3-18 和图 3-18 所示。

表 3-18　不同 SDS 浓度和不同破胶时间的破胶情况

SDS 浓度/%	不同破胶时间下 VES 清洁压裂液的黏度/(mPa·s)					
	1min	10min	20min	30min	40min	60min
0.5	268	189	90	79	78	78
1	259	134	41	39	39	40
1.5	237	102	28	25	23	23
2	220	95	15	13	14	14
2.5	204	65	13	9	8	7
3	201	49	5	3	2	2

从图 3-18 可以看出，低浓度的 SDS 达不到破胶效果，SDS 浓度达到 3%时可以完全破胶 VES 清洁压裂液，破胶时间为 20min 左右，可使 VES 清洁压裂液的黏度降低至 5mPa·s，之后几乎不再变化。

2. 破胶伤害残渣量的测定

实验方法：将 3%SDS 完全破胶后的破胶液移入 5 个 50mL 的离心管中，利用离心机离心 30min，使用针管将分层的清液抽出以便与残渣液分离，随后将残渣液倒入 5 个空烧杯中并放入恒温电热干燥箱烘烤至恒量,测量 5 个烧杯的残渣量。3%SDS 破胶液如图 3-19 所示。

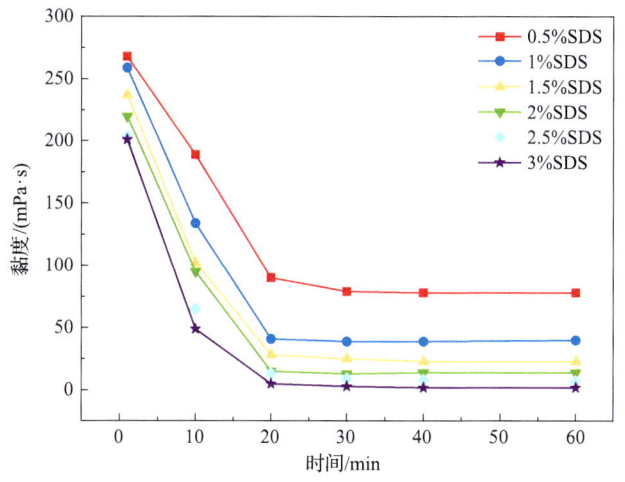

图 3-18 SDS 破胶黏度曲线变化

图 3-19 3%SDS 破胶后的压裂液

SDS 破胶液均呈现浑浊状态,破胶液中含有较多絮状漂浮物及白色沉淀物,测量 3%SDS 破胶液残渣质量和残渣含量如表 3-19 所示。

表 3-19 SDS 破胶液残渣质量和残渣含量

序号	残渣质量/mg	残渣含量/(g/L)
1	247	12.35
2	213	10.65
3	232	11.6
4	199	9.95
5	225	11.25

经测量,3%SDS 破胶液的 5 份残渣含量均值为 11.16g/L,残渣含量较大,不符合清洁破胶要求。

3.2.3 水稀释的破胶性能

储层中的原油、地下水被称为 VES 清洁压裂液的天然破胶剂。本实验分别利用去离子水及标准盐水模拟地层水对 VES 清洁压裂液破胶。

实验方法：向两组 50mL 4%CTAB+2%NaSal+2%KCl 压裂液体系中分别成倍加入去离子水和标准盐水稀释破胶，测试这期间两组压裂液随着稀释倍数的增加稀释液的黏度发生变化，直至压裂液彻底破胶。其中，标准盐水为 2.0%KCl+5.5%NaCl+0.45%MgCl$_2$+0.55%CaCl$_2$。

稀释用水量对应的压裂液黏度如表 3-20 所示，黏度变化曲线如图 3-20 所示。

表 3-20 不同稀释用水量对应的压裂液黏度的破胶情况

加水量/mL	黏度/(mPa·s)	
	去离子水	标准盐水
50	105	94
100	50	55
150	35	26
200	23	17
250	19	9
300	10	3
350	7	2
400	3	2

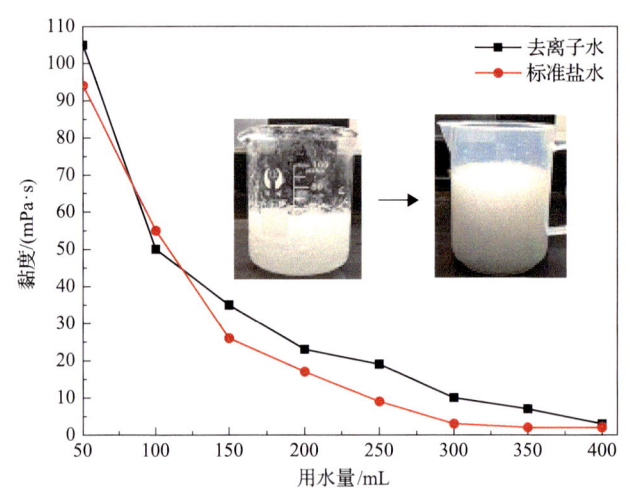

图 3-20 不同稀释用水量对应的压裂液黏度曲线

VES 清洁压裂液稀释用水量对应的压裂液黏度变化如图 3-20 所示。从图中可以看出，当加入 50mL 去离子水或标准盐水时，压裂液黏度均大幅度下降，由原来的 300mPa·s 左右下降至 100mPa·s 左右。此后随着加水量的增加，压裂液黏度下降速度逐渐变缓。加入去离子水量达到 400mL 以上时溶液黏度降到 5mPa·s 以下，而加入标准盐水量达到 300mL

时就完成完全破胶。VES 分子与反离子盐或助表面活性剂之间的胶束结构主要通过物理作用形成，不同于常规冻胶体系中以形成化学键而发生的化学作用。当遇到适量水时，VES 清洁压裂液的 VES 分子与反离子间的作用距离会明显增大，胶束间相对稳定的网状结构被破坏，最终使胶束解体破碎。

相比于去离子水，标准盐水更容易破胶，但两者整体上破胶效果不佳，虽然稀释破胶后无任何残渣，但因注水量过大，在压裂施工过程中此方法不可行。

3.2.4 烃类的破胶性能

选择烃类物质汽油、柴油、润滑油(烷烃、环烷烃、芳烃等烃类混合物)对 4%CTAB+2%NaSal+2%KCl 压裂液体系进行破胶实验。

1. 破胶时间与烃类物质用量的测定

实验方法：基于用水稀释破胶的方法，将配置好的 3 份 50mL VES 清洁压裂液分别用去离子水稀释 1 倍至 100mL 使其黏度由 300mPa·s 以上大幅降为 100mPa·s 左右后，测试 3 份压裂液稀释液黏度，向 3 份压裂液稀释液中分别加入等量汽油、柴油、润滑油，测试 VES 清洁压裂液彻底破胶需要的三种烃类物质的体积量和破胶时间。

烃类物质使用量对压裂液黏度的影响情况如表 3-21 和图 3-21 所示。

表 3-21 烃类物质不同使用量时 SDS 的破胶情况

烃类使用量/mL	表观黏度/(mPa·s)		
	汽油	柴油	润滑油
1	95	87	18
2	84	73	1.5
3	59	36	1
4	36	5	
5	20	1	
7	16		
9	9		
11	6.5		
13	4		
15	2		

烃类物质破胶时间与黏度情况如表 3-22 和图 3-22 所示。

烃类物质的破胶原理也是通过改变胶束流体的电环境使网状胶束结构分解为球状而破胶[5,6]，因此破胶后不会产生固体残渣。三种烃类使用量与对应的压裂液黏度曲线如图 3-21 所示。可以看出，完全破胶所需要的润滑油、柴油、汽油量分别为 2mL、5mL、15mL，即完全破胶需要的润滑油最少，汽油最多。从图 3-22 可以看出，汽油破胶时间最短，为 15min 左右，润滑油和柴油破胶时间较长，约需 1h。结合成本及安全要素综合考虑，认为润滑油破胶效果最佳。

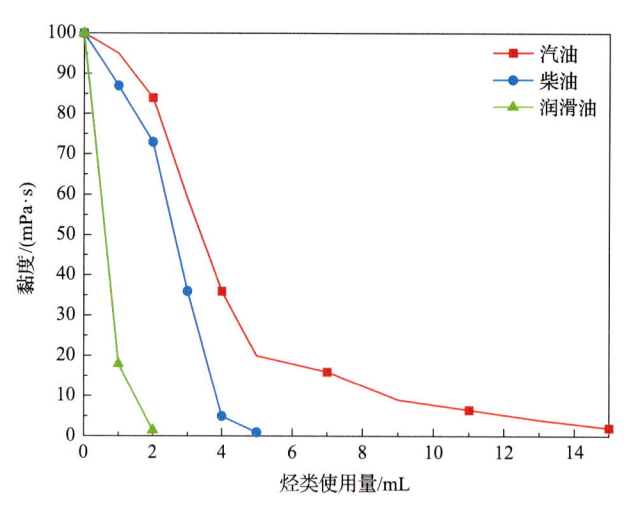

图 3-21 烃类不同使用量对应压裂液黏度曲线

表 3-22 不同破胶时间下 SDS 的破胶情况

时间/min	黏度/(mPa·s)		
	汽油	柴油	润滑油
5	58	91	87
10	19	85	65
15	3	78	49
20	2	63	38
30	2	41	24
40	1	25	16
50	2	9	7
60	1	3	2

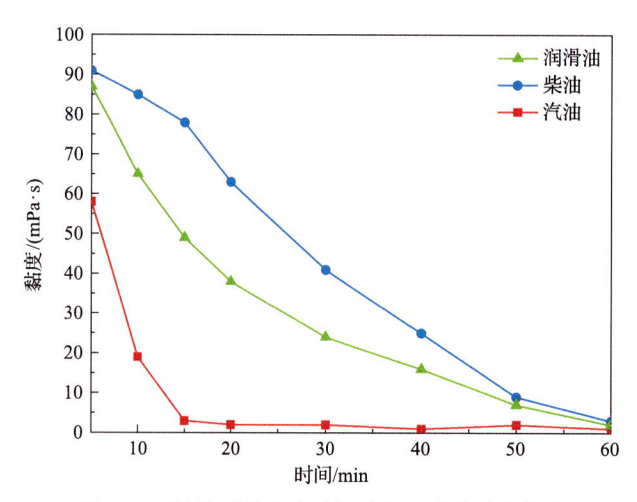

图 3-22 烃类不同破胶时间对应压裂液黏度曲线

2. 破胶伤害残渣量的测定

实验方法：将由 2mL 润滑油完全破胶后的破胶液移入 5 个 50mL 的离心管中，利用离心机离心 30min，使用针管将分层的清液抽出以便与残渣液分离，随后将残渣液倒入 5 个空烧杯中并放入恒温电热干燥箱烘烤至恒量，测量 5 个烧杯的残渣量。

残渣情况如表 3-23、图 3-23 和图 3-24 所示。

表 3-23 润滑油破胶液残渣质量和残渣含量

序号	残渣质量/mg	残渣含量/(g/L)
1	1.9	0.038
2	2.1	0.042
3	2.5	0.050
4	1.7	0.034
5	1.8	0.036

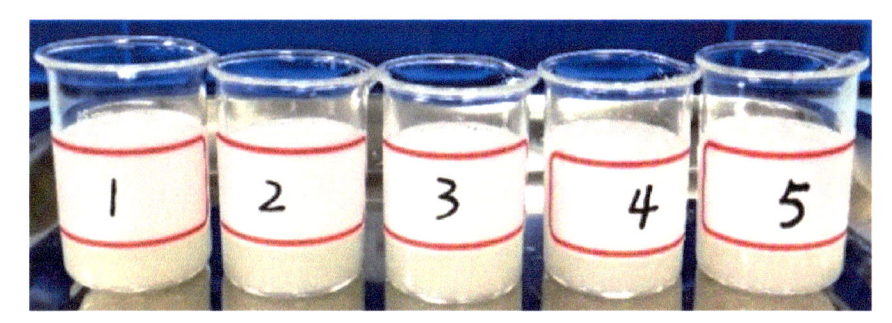

图 3-23 移入烧杯中的破胶液

图 3-24 烘干后的残渣

测得的润滑油破胶液残渣量远小于标准量，而破胶液的这些残渣中有相当一部分为未完全溶解于水中的 CTAB 与 NaSal 缔合成的白色胶状物，这些白色胶状物在破胶剂的作用下也很难破胶溶解,因此配制压裂液时需要注意控制主剂完全溶解于水中。远小于标准量的破胶液残渣说明该 VES 清洁压裂液具有较高的破胶清洁性。

最终确定使用润滑油作为 VES 清洁压裂液的破胶剂。其优点在于破胶彻底且残渣量少,注水量适中具有可行性。具体实施方法可以先在高压条件下向煤层注入压裂液进行煤层压裂施工,压裂结束后向煤层注入等量的水和润滑油混合溶液进行破胶,水和润滑油体积比为 25∶1,破胶时间为 1~2h。随着破胶的完成破胶液即可直接润湿煤层。

3.3　VES 清洁压裂液的性能评价

3.3.1　流变性分析

对 400mL VES 清洁压裂液进行变剪切实验,使用旋转黏度计以 $170s^{-1}$ 的剪切速率将压裂液体系剪切 20min 后,开始第一次变剪切实验。剪切速率阶梯为 $600s^{-1}$、$300s^{-1}$、$170s^{-1}$、$50s^{-1}$、$170s^{-1}$、$300s^{-1}$、$600s^{-1}$,每个剪切速率下剪切 10s,每 20min 进行一次变剪切试验。重复次数根据压裂液作业施工时间确定。两个变剪切间以 $170s^{-1}$ 作为基本剪切速率[7, 8]。根据仪器使用说明计算每次变剪切后的平均流动行为指数 n 和稠度系数 k。

对 VES 压裂液进行变剪切实验,表 3-24 记录了每次变剪切下压裂液的平均流动行为指数 n 和稠度系数 k,对应的曲线图如图 3-25 所示。平均流动行为指数 n 表示非牛顿

表 3-24　压裂液的流变参数

参数	变剪切次数					
	1	2	3	4	5	6
平均流动行为指数 n	0.163	0.217	0.258	0.292	0.322	0.340
稠度系数 k	69.3	56.8	47.0	48.9	27.4	19.6

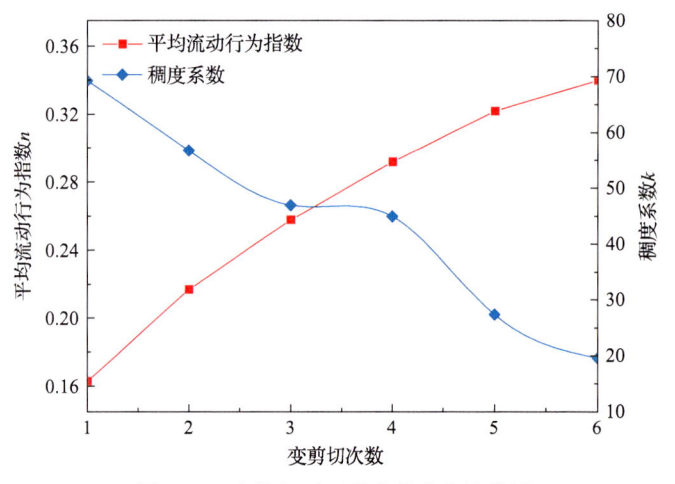

图 3-25　变剪切下压裂液的流变性曲线

程度的量度，$n>1$ 即流体为非牛顿流体中的膨胀型流体；$n<1$ 即为非牛顿流体中的假塑性型流体；$n=1$ 即为牛顿流体。从图中可以看出，随着变剪切次数的增加，n 和 k 具有一定的变化规律：$n<1$ 属于非牛顿流体中的假塑性型流体，n 逐渐增大说明随着剪切的进行有接近牛顿流体属性的趋势；k 逐渐减小呈现出非牛顿流体中剪切变稀的特性。n 和 k 可以反映出压裂液在实际应用过程中的压裂效果：稠度系数 k 较大，平均流动行为指数 n 较小，因此优选出的 VES 清洁压裂液更有利于压裂出较大的裂缝。同时，在实际压裂施工中可以通过改变温度、pH 等实时控制流变参数，从而能较好地控制压裂造缝保证压裂施工顺利进行以达到压裂润湿的目的。

3.3.2 滤失性分析

使用高温高压滤失仪测试 VES 清洁压裂液的滤失性[9]。在测试筒底部放置两片滤纸，向测试筒中加入 300mL 的压裂液，启动滤失仪加热功能对压裂液加热至 35℃后，开始进行加压试验，试验压差 3.5MPa，记录压裂液在 6MPa、35℃条件下 1h 内通过滤纸的滤液流量和产生滤饼的情况。

对在 3.5MPa、35℃下、1h 内压裂液通过滤纸的滤液流量和产生的滤饼情况进行记录。滤失量情况如图 3-26 所示，其中横坐标为时间平方根（$min^{1/2}$），纵坐标为累计滤失量（mL）。累计滤失量与时间的平方根呈线性关系，斜率为 m。经线性拟合得到了累计滤失量与时间平方根的一次函数，其中拟合系数 $R^2=0.99465$，如图 3-26 所示。计算得到的滤失系数为 $1.77\times 10^{-3}\,mL/min^{1/2}$。滤失系数相比于标准的 $1\times 10^{-3}\,mL/min^{1/2}$ 较大。但值得注意的是，滤失过程中压裂液并没有产生明显滤饼，如图 3-27 所示。而滤失量在很大程度上是受滤饼控制的，因此该结果不能完全作为滤失量评价的依据。无明显滤饼产生说明压裂液中几乎不含固体残渣，对煤储层渗透率的伤害较低，符合清洁压裂液的理念，也为实现压裂液破胶后直接润湿煤体奠定了基础。

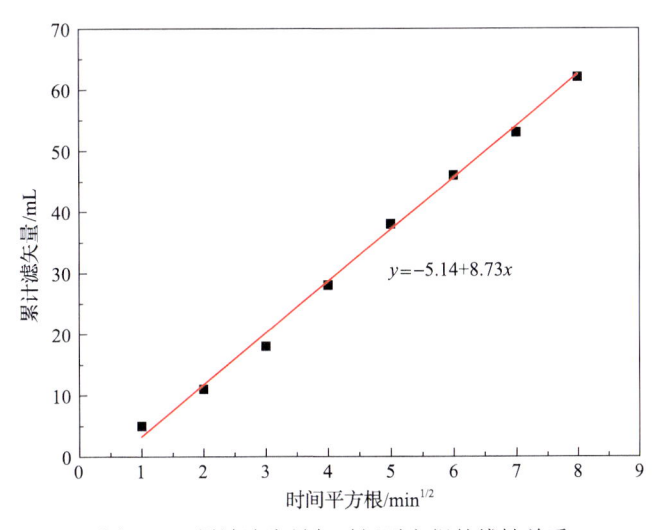

图 3-26 累计滤失量与时间平方根的线性关系

图 3-27　压裂液滤饼情况

3.3.3　润湿性分析

为了研究破胶液对煤的润湿效果，以及对变质程度不同的煤的润湿效果是否存在差异，实验选择了唐口气煤、王楼 1/3 焦煤、阳泉瘦煤、崔家沟烟煤 4 种煤样进行粉碎研磨，分别通过 20 目、120 目、325 目筛子筛分成 3 种粒径区间的实验样品。为了防止在破碎和筛分过程中受外界环境中水分的影响，需要将样品在 50℃的真空干燥箱中干燥 2h。将干燥后的 4 种煤样按照不同粒径分别称取 0.6g，用粉末压片机在 20MPa 压力下压制成直径 15mm、厚 6mm 具有压光平面的圆柱体试片若干，再用光学接触角测量仪分别测量 VES 破胶液和去离子水在不同煤样、不同粒径的试片上的接触角，每组各测三组有效数据，记录 VES 破胶液对比去离子水在不同试片上的润湿性[10-15]。

使用光学接触角测量仪对破胶液和水溶液在不同煤样不同粒径试片上的接触角进行测量，接触角定义及测量过程如图 3-28 所示，实验结果如表 3-25～表 3-28 和图 3-29 所示。

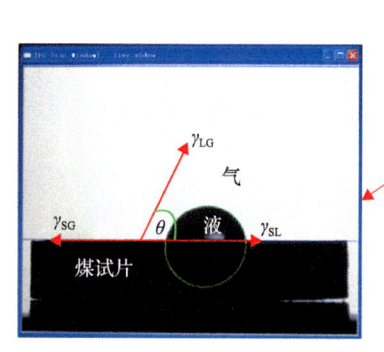

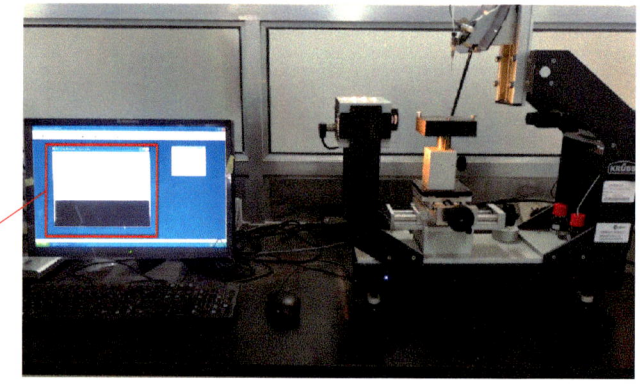

图 3-28　接触角及测量过程

第3章 VES清洁压裂液的配制及基础性能

表 3-25 唐口气煤试片接触角测量数据

粒径/目	压裂液接触角/(°)			去离子水接触角/(°)		
	θ_1	θ_2	θ_3	θ_4	θ_5	θ_6
20	54.97	55.47	54.68	71.37	73.95	70.85
120	58.10	56.37	60.71	82.76	80.59	76.60
325	62.15	60.89	63.52	91.93	86.08	89.11

表 3-26 王楼 1/3 焦煤试片接触角测量数据

粒径/目	压裂液接触角/(°)			去离子水接触角/(°)		
	θ_1	θ_2	θ_3	θ_4	θ_5	θ_6
20	55.26	55.40	57.09	76.61	77.06	77.65
120	58.70	57.11	57.08	80.99	79.35	83.09
325	59.20	63.05	60.40	84.31	84.66	86.61

表 3-27 阳泉瘦煤试片接触角测量数据

粒径/目	压裂液接触角/(°)			去离子水接触角/(°)		
	θ_1	θ_2	θ_3	θ_4	θ_5	θ_6
20	54.84	54.57	55.46	76.38	76.20	75.84
120	58.70	58.34	57.93	78.96	77.97	78.64
325	61.81	60.18	59.33	82.61	79.86	75.97

表 3-28 崔家沟烟煤试片接触角测量数据

粒径/目	压裂液接触角/(°)			去离子水接触角/(°)		
	θ_1	θ_2	θ_3	θ_4	θ_5	θ_6
20	56.15	55.17	56.17	72.32	71.46	73.69
120	57.07	57.89	58.45	76.47	80.09	77.86
325	59.78	59.41	60.22	85.41	85.16	83.09

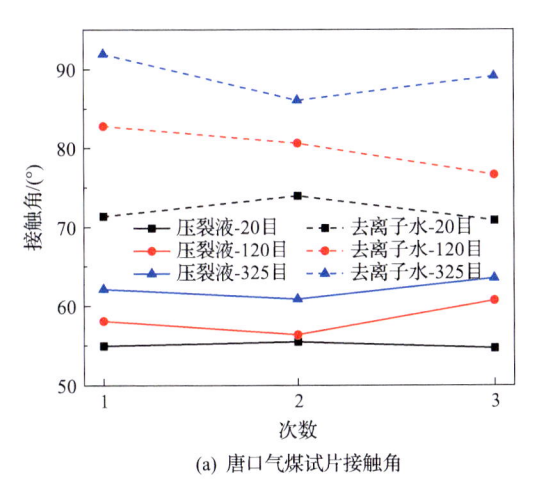

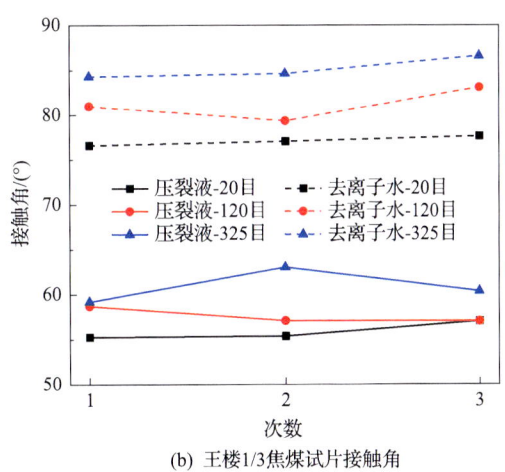

(a) 唐口气煤试片接触角

(b) 王楼1/3焦煤试片接触角

(c) 阳泉瘦煤试片接触角　　　　　(d) 崔家沟烟煤试片接触角

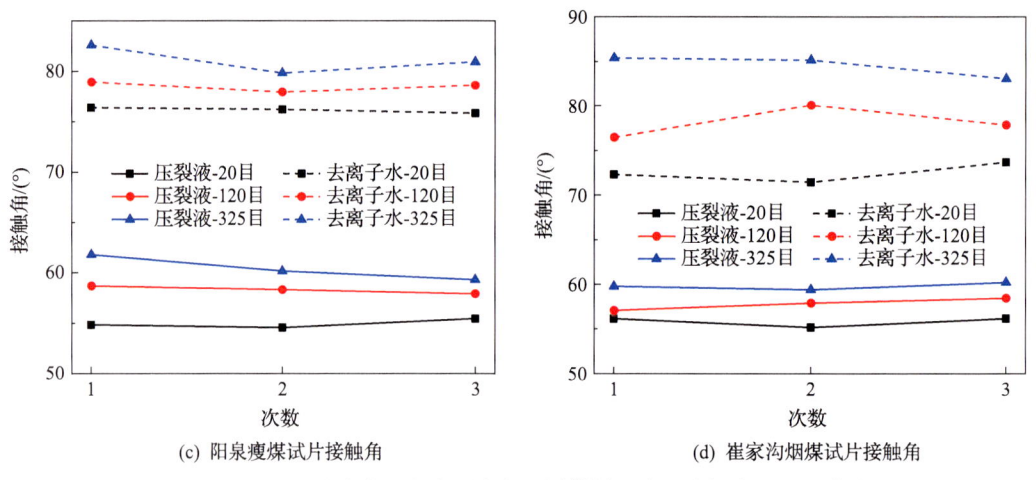

图 3-29　VES 破胶液和去离子水在不同煤样试片上接触角的对比曲线

图 3-29 是 VES 破胶液和去离子水在不同煤样试片上接触角的对比曲线。可以看出，随着煤样试片粒径的减小，VES 破胶液和去离子水在试片上的接触角都逐渐增大，即润湿性都逐渐降低。主要原因是粒径大的煤试片具有更大的孔隙率，更容易吸附溶液分子。使用相同粒径的煤样试片，VES 破胶液的接触角比水的接触角要小得多，相差 20°左右，这也表明 VES 破胶液的润湿性明显好于去离子水的润湿性。这是因为表面活性剂分子在化学结构上属于两亲分子，即分子一端亲水，另一端疏水，在溶液中，亲水的一端插入水中，疏水的一端伸向空气，这使得溶液表面层状态上的分子定向排列，它们尽可能地覆盖水气界面使得水的表面张力降至最低，溶液更易于在煤表面铺展，溶液与煤的接触角减小，从而提高和促进溶液向煤孔隙的渗透与扩散。因此，加入表面活性剂后的压裂液润湿性明显好于去离子水的润湿性。另外，大多数煤具有亲油性，VES 破胶液中的少量润滑油也可帮助其更好地润湿煤体。

参 考 文 献

[1] 吴萌, 曾红, 王俐, 等. 季铵盐表面活性剂凝胶体系流变特性研究[J]. 矿冶, 2010, 19(2): 51-54.

[2] 王国强, 冯三利, 崔会杰, 等. 清洁压裂液在煤层气井压裂中的应用[J]. 天然气工业, 2006, 26(11): 104-106.

[3] 张海龙. 清洁压裂液研制与应用[D]. 大庆: 大庆石油学院, 2008.

[4] Wang J, Wang S L, Lin W, et al. Formula optimization and rheology study of clean fracturing fluid[J]. Journal of Molecular Liquids, 2017, 241: 563-569.

[5] 陈亚联, 赵勇, 廖乐军. 阳离子型双子高粘弹压裂液体系开发[J]. 应用化工, 2019, 48(10): 2331-2334.

[6] 左建平, 马广华, 喻翔, 等. 自破胶中低温清洁压裂液制备及性能评价[J]. 油田化学, 2018, 35(1): 36-40.

[7] 熊晓菲, 蒋廷学, 贾文峰, 等. 含砂压裂液流变规律实验研究[J]. 钻井液与完井液, 2018, 35(4): 114-119, 125.

[8] 徐光. 压裂液流变特征及其对悬砂能力的影响[D]. 大庆: 东北石油大学, 2017.

[9] 刘建华, 王生维, 张晓飞, 等. 煤储层中压裂液滤失机理研究[J]. 煤炭与化工, 2019, 42(9): 62-65, 69.

[10] 马艳玲. 新型煤尘润湿剂的实验研究[D]. 淮南: 安徽理工大学, 2016.

[11] Ni G H, Li Z, Xie H C. The mechanism and relief method of the coal seam water blocking effect (WBE) based on the surfactants[J]. Powder Technology, 2018, 323: 60-68.

[12] 秦桐, 蒋曙光, 张卫清. 煤的润湿性研究进展[J]. 煤矿安全, 2017, 48(9): 163-166.

[13] 杨静. 煤尘的润湿机理研究[D]. 青岛: 山东科技大学, 2008.
[14] 李巍. 杨氏方程推导中气液界面张力方向的进一步解释[J]. 化工高等教育, 2016, 33(1): 84-85, 94.
[15] 王大勇, 冯吉才. 杨氏方程的能量求解法及润湿角计算模型[J]. 焊接学报, 2002, (6): 59-61.

第4章 阴离子压裂液优选及对煤样渗透率的影响

与清水的压裂效果相比,压裂液在提升地层渗透性方面有很大的优势。但国内外对于压裂液的研究依然存有一些难点问题,例如,聚合物自身不易溶于水,使得利用率低,在一定程度上造成了剂量方面的损失,为了弥补这类损失,需要加入更多的聚合物[1-5]。另外,聚合物类的压裂液不能整体破胶,且破胶后部分不溶于水的物质留在地层的裂缝裂隙中,影响地层的渗透特征[6-10]。而黏弹性表面活性剂压裂液取代聚合物类的压裂液已是行业内一种普遍的趋势,此类压裂液常被使用的是阳离子类的压裂液。因地层表面带负电荷,带正电荷的阳离子类压裂液被注入地层后就会被附着在裂缝裂隙的表观,严重的会填充堵死整个裂缝裂隙的通道,缩小孔径,减小地层的渗透率,无法实现预定的压裂目标。

阴离子压裂液的电荷性与地层表面的电荷性相同,不会出现压裂液附着于地层并阻塞裂缝裂隙通道的现象。另外,它具有黏性好、耐剪切、破胶后的残留物少等较好的性能,能够使其在压裂中更好地破碎煤体,产生许多长宽的裂缝,利于煤层渗透率的提高。阴离子压裂液普遍用于油气开采,油气储层中有让它自动破胶的物质,而煤层中没有这样的物质,以致矿山企业无法直接利用这种压裂液[11, 12]。

本章将利用破胶剂优化油气领域的阴离子压裂液,测评其基本性能,研究其对煤样渗透率的影响,使其适用于煤层注水,实现增渗煤体的作用。

4.1 阴离子压裂液配制及优化

4.1.1 实验药物及规格

阴离子压裂液的组成成分包括阴离子表面活性剂、反离子无机盐和其他类型的添加剂[13, 14]。选择 BJ-2 为阴离子表面活性剂,0.045 元/mL;反离子无机盐氯化钾(KCl)为促进剂,0.02 元/mL,其促使阴离子表面活性剂形成具有高黏度的阴离子压裂液,并有效防止煤层中黏土矿物的运移和膨胀;乙二胺四乙酸(EDTA)为稳定剂,0.026 元/mL,其用于防止水中的钙镁离子使阴离子表面活性剂失去作用;氢氧化钾(KOH)为 pH 调节剂,0.022 元/mL,其用于提高阴离子表面活性剂的黏度。实验所用到的化学试剂及其规格相关信息如表 4-1 所示。

表 4-1 实验试剂及其规格

试剂名称	纯度	生产厂商
氯化钾	分析纯	上海埃彼化学试剂有限公司
氢氧化钾	分析纯	天津市恒兴化学试剂制造有限公司

续表

试剂名称	纯度	生产厂商
乙二胺四乙酸	分析纯	上海埃彼化学试剂有限公司
BJ-2	分析纯	上海埃彼化学试剂有限公司

4.1.2 实验方法

阴离子压裂液中各个成分的质量浓度是影响黏度的变量因素。在一段时间的机械剪切下，阴离子压裂液黏度能够体现出它的黏性和剪切能力。而这两个性能与煤样渗透性有紧密的联系。故使用 ZNN-D12D 型数显黏度计对含不同成分不同质量浓度阴离子压裂液的黏度进行测量，优化阴离子压裂液组成成分的质量浓度，初步确定阴离子压裂液中 BJ-2、KCl、EDTA、KOH 适宜的质量浓度。整体测试实验均采用单一变量因素控制的实验方法。

1. BJ-2 和 KCl 质量浓度的测量

剪切黏度测量方法：在室温(30℃)下，使用去离子水分别配置 0.2%EDTA、1%KOH、不同质量浓度的 BJ-2 和 KCl 溶液。采用单因素控制法对每一质量浓度的 BJ-2(2%、2.5%、3%、3.5%、4%)加入不同质量浓度的 KCl 溶液(3%、4%、5%、6%、7%)，充分混合搅拌 10min 后，使用 ZNN-D12 型旋转黏度计以 $1.7s^{-1}$、$3.4s^{-1}$、$5.1s^{-1}$、$10.2s^{-1}$、$17s^{-1}$、$34s^{-1}$、$51s^{-1}$、$102s^{-1}$、$170s^{-1}$、$340s^{-1}$ 的速率对其剪切 20min 后，读取并比较各个质量浓度配比下阴离子压裂液的黏度，选择黏度符合要求的阴离子压裂液，确定出 BJ-2 和 KCl 的适宜质量浓度。

剪切稳定性测量方法：在 30℃ 条件下，用 ZNN-D12 型旋转黏度计以 $170s^{-1}$ 的速率对黏度符合要求的阴离子压裂液剪切 2h(依据煤层压裂时间而设定)，比较它们黏度的变化情况，再次确定出 BJ-2 和 KCl 的适宜质量浓度。

2. KOH 质量浓度的测量

本实验将 KOH 作为调节剂，用于提高 BJ-2 的黏度。通过测量含不同质量浓度 KOH 阴离子压裂液黏度的变化，确定出 KOH 的适宜质量浓度。

在 30℃ 下，使用去离子水分别配制一种压裂液中含有 3.5%BJ-2、6%KCl 和 0.2%EDTA，另一种压裂液中含有 4%BJ-2、6%KCl 和 0.2%EDTA。每一种压裂液分别配制 9 份，每份均 400mL。然后，向每份压裂液中依次添加质量浓度为 0.4%、0.6%、0.8%、1%、1.2%、1.4%、1.6%、1.8%、2%、2.2%的 KOH 溶液，使用黏度计以速率 $170s^{-1}$ 对 20 份阴离子压裂液进行剪切，每份压裂液剪切 20min，测试分析其黏度的变化情况，研究不同质量浓度的 KOH 溶液对阴离子压裂液黏度的影响，最后选择出 KOH 的适宜质量浓度。

3. EDTA 质量浓度的测量

本实验选择 EDTA 作为稳定剂，用于防止水中的 Ca^{2+}、Mg^{2+} 使表面活性剂失去作用。

通过测量含不同质量浓度 EDTA 阴离子压裂液黏度的变化，确定出它的适宜质量浓度。

在 30℃下，使用去离子水分别配制含有不同质量浓度 BJ-2 的压裂液，一种压裂液中含有 3.5%BJ-2、6%KCl 和 1%KOH，另一种压裂液中含有 4%BJ-2、6%KCl 和 1%KOH。每一种阴离子压裂液分别配制 6 份，每份均 400mL。然后向每份阴离子压裂液中依次添加质量浓度为 0.1%、0.2%、0.3%、0.4%、0.5%、0.6%的 EDTA 溶液，使用黏度计以剪切速率 170s^{-1} 对 12 份压裂液进行剪切，每份压裂液剪切 20min，测量分析其黏度的变化情况，研究不同质量浓度 EDTA 对阴离子压裂液黏度的影响，最后选择出它适宜的质量浓度。

阴离子压裂液中各个成分的质量浓度是影响黏度的变量因素。在一段时间的机械剪切下，阴离子压裂液的黏度能够体现出它的黏性和剪切能力。而这两个性能与煤样渗透性好坏有着紧密的联系。故本节优化了阴离子压裂液组成成分的质量浓度，并对其黏度进行测量。

4.1.3 BJ-2 和 KCl 质量浓度优化

阴离子表面活性剂和反离子无机盐是阴离子压裂液的两大主要成分，它们的质量浓度影响阴离子压裂液的黏度。故通过测试含有不同质量浓度 BJ-2 和 KCl 的阴离子压裂液黏度来分析它的剪切黏度和剪切稳定性，进而确定这两种成分的适宜浓度。

1. 2%BJ-2 与不同质量浓度 KCl 压裂液的剪切黏度分析

含 2%BJ-2 阴离子压裂液在不同剪切速率条件下的黏度变化情况如图 4-1 所示。

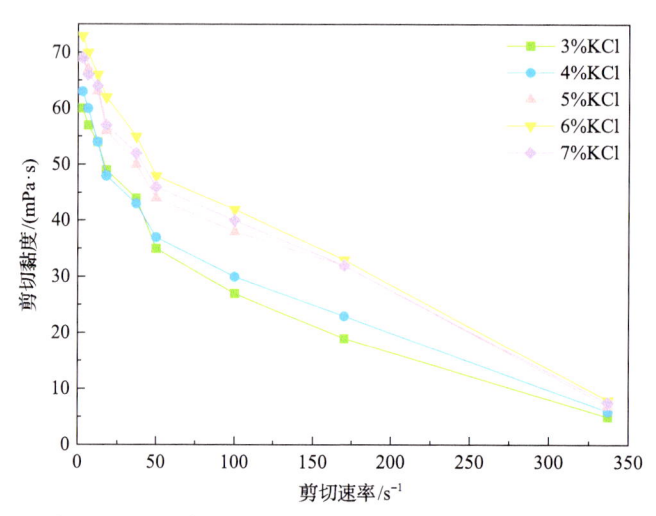

图 4-1 含 2%BJ-2 阴离子压裂液在不同剪切速率条件下的剪切黏度变化

由图 4-1 可知，BJ-2 质量浓度为 2%时，阴离子压裂液的剪切黏度最大可达约 75mPa·s，且黏度随剪切速率的提高整体呈下跌趋势。KCl 质量浓度不高于 6%时，其质量浓度越大，剪切黏度就大。与含 6%KCl 的阴离子压裂液相比，含 7%KCl 的阴离子压裂液黏度有所降低。添加过多的盐分会导致相的分离,降低阴离子压裂液的黏弹性,故其黏度降低。同时注意到剪切速率为 170s^{-1}、KCl 质量浓度为 3%时,剪切黏度小于 20mPa·s,依照《压水基压裂技术要求》(SY/T 7627—2021)明确规定[15],VES 压裂液在剪切速率为 170s^{-1} 的条件下,其黏度需要不低于 20mPa·s,故含 2%BJ-2、3%KCl 的阴离子压裂液不符合黏度的要求。因此,BJ-2 质量浓度是 2%时,KCl 质量浓度至少为 4%。

2. 2.5%BJ-2 与不同浓度质量 KCl 压裂液的剪切黏度分析

含 2.5%BJ-2 阴离子压裂液在不同剪切速率条件下的剪切黏度变化如图 4-2 所示。

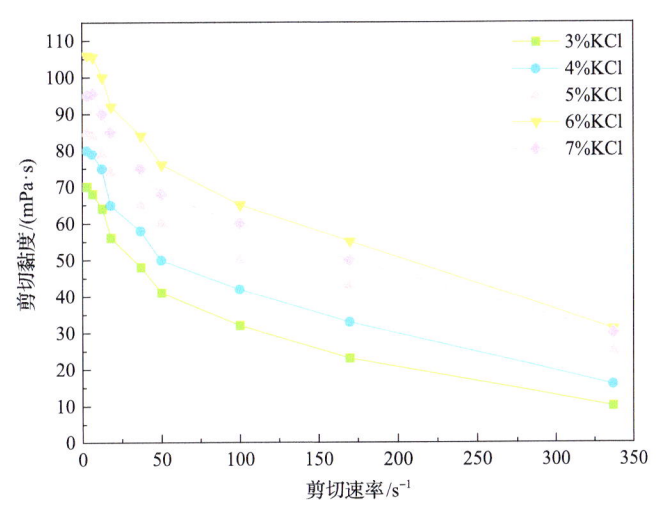

图 4-2 含 2.5%BJ-2 阴离子压裂液在不同剪切速率条件下的剪切黏度变化

由图 4-2 可知,BJ-2 质量浓度为 2.5%时,阴离子压裂液剪切黏度最大值约为 105mPa·s。随着剪切速率的升高,其整体也是呈现降低的趋势。在剪切速率为 170s^{-1} 的剪切条件下,含不同质量浓度 KCl 的阴离子压裂液的剪切黏度均大于 20mPa·s,均符合压裂液的黏度要求。含 7%KCl 的阴离子压裂液的剪切黏度分别大于含 3%KCl、4%KCl、5%KCl 阴离子压裂液的剪切黏度,却小于含 6%KCl 阴离子压裂液的剪切黏度,其归因于 KCl 的质量浓度一旦超过压裂液最大承受极限,它就会紧缩胶束的双电层,减少与胶束接触表面的电荷数量,使胶束的形状发生改变,减小压裂液的黏度。

3. 3%BJ-2 与不同质量浓度 KCl 压裂液的剪切黏度分析

图 4-3 是含 3%BJ-2 阴离子压裂液在不同剪切速率条件下其黏度的变化图。由图可知,BJ-2 质量浓度为 3%时,阴离子压裂液剪切黏度最大值约为 170mPa·s。在剪切速率为 170s^{-1} 的剪切条件下,含不同质量浓度 KCl 阴离子压裂液的剪切黏度均符合压裂液的黏度要求。KCl 质量浓度为 3%~6%时,阴离子压裂液剪切黏度随 KCl 质量浓度的增大而变大;KCl 质量浓度为 7%时,其剪切黏度开始降低。相比较上述含 2%BJ-2、2.5%BJ-2 阴离子压裂液,含 3%BJ-2 阴离子压裂液的剪切黏度整体上升。

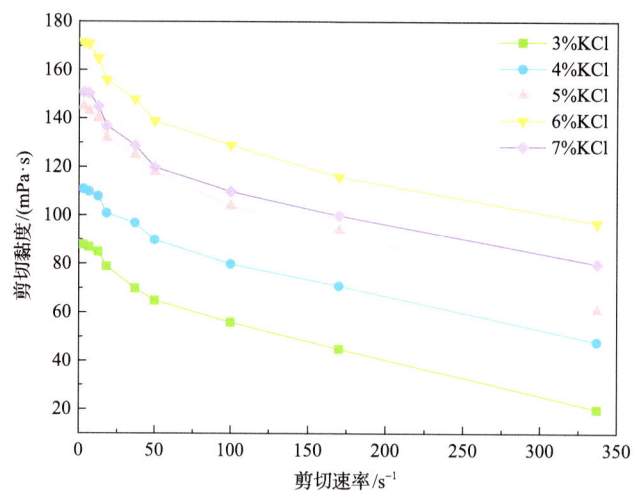

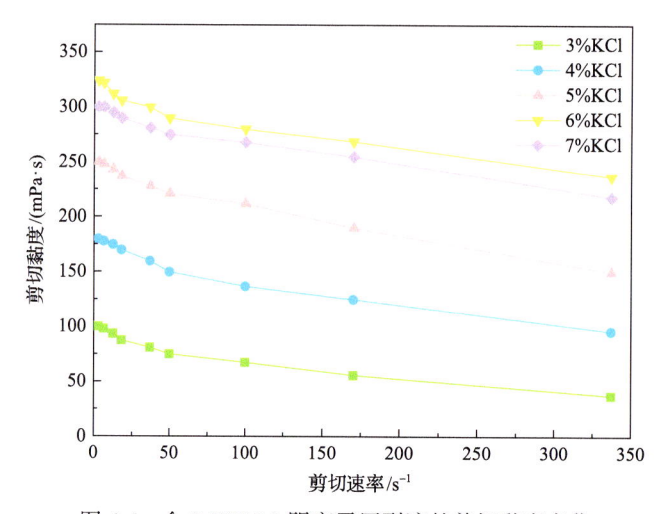

图 4-3 含 3%BJ-2 阴离子压裂液的剪切黏度变化

4. 3.5%BJ-2 与不同质量浓度 KCl 压裂液的剪切黏度分析

含 3.5%BJ-2 阴离子压裂液在不同剪切速率条件下进行剪切，其黏度的变化如图 4-4 所示。由图可知，BJ-2 质量浓度为 3.5%，阴离子压裂液黏度随 KCl 质量浓度（3%～6%）的提高而升高。与上述含 2%BJ-2、2.5%BJ-2、3%BJ-2 阴离子压裂液相同的是，在 KCl 质量浓度为 7%时，阴离子压裂液的剪切黏度仍小于 KCl 质量浓度为 6%时的剪切黏度。更容易看出的是，含 3.5%BJ-2 阴离子压裂液的整体剪切黏度升高幅度较大，且最大剪切黏度约为 300mPa·s。其剪切黏度的大小受速率影响，速率升高，黏度减小。与上述含 2%BJ-2、2.5%BJ-2、3%BJ-2 阴离子压裂液剪切黏度相比，含 3.5%BJ-2 阴离子压裂液剪切黏度整体上升，且上升幅度较大，说明随着 BJ-2 质量浓度提高，阴离子压裂液黏度变大。

图 4-4 含 3.5%BJ-2 阴离子压裂液的剪切黏度变化

5. 4%BJ-2 与不同浓度 KCl 压裂液的剪切黏度分析

图 4-5 是含 4%BJ-2 阴离子压裂液在不同剪切速率条件下进行剪切后黏度的变化情况。由图可知，BJ-2 质量浓度为 4%，含不同质量浓度 KCl 阴离子压裂液的剪切黏度整体上均随速率的变快而减小。KCl 质量浓度为 6%、速率为 $170s^{-1}$ 时，剪切黏度最大值约为 $290mPa·s$。与含有 3.5%BJ-2 阴离子压裂液的剪切黏度比较，含 4%BJ-2 阴离子压裂液的剪切黏度整体上大一些，但两者之间的差异较小。

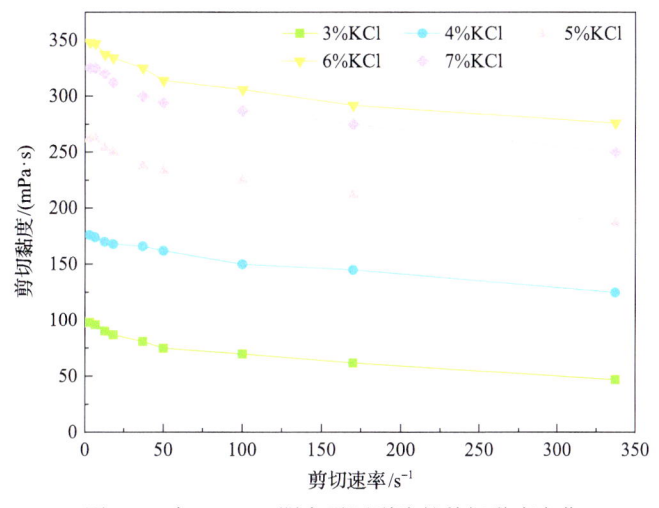

图 4-5 含 4%BJ-2 阴离子压裂液的剪切黏度变化

6. 含不同质量浓度 BJ-2 与不同质量浓度 KCl 压裂液的剪切黏度比较分析

图 4-6 是含不同质量浓度 BJ-2 和 KCl 阴离子压裂液黏度的变化图。可以看出，在 BJ-2 质量浓度一定的情况下，阴离子压裂液的黏度随 KCl 质量浓度的升高而先升高到最大值然后出现降低。在 KCl 质量浓度一定的情况下，阴离子压裂液的黏度随 BJ-2 质量浓度的提高而变大。KCl 质量浓度为 3%时，含 2.5%BJ-2、3%BJ-2、3.5%BJ-2 和 4%BJ-2 的阴离子压裂液黏度符合中国石油天然气行业的标准要求[16]，因此 BJ-2 质量浓度至少为 2.5%。随着 KCl 质量浓度的提高，含不同质量浓度 BJ-2 阴离子压裂液的黏度均呈现先增大后减小的趋势。KCl 浓度为 6%时，黏度最大可达 $298mPa·s$，故 KCl 质量浓度确定为 6%。

基于以上分析可知，阴离子压裂液的黏度与黏度计设定剪切速率的大小密切相关，其剪切速率升高，黏度减小。含 2%BJ-2 阴离子压裂液在剪切速率 $170s^{-1}$ 的条件下，其黏度小于 $20mPa·s$，不符合压裂液黏度的要求。KCl 质量浓度为 3%~6%时，黏度呈增大趋势；KCl 质量浓度达到 7%，其黏度开始减小。KCl 质量浓度为 6%时，黏度出现最大值。因此，通过测量分析此部分实验数据结果，初步确定 BJ-2 质量浓度至少为 2.5%，KCl 适宜质量浓度为 6%。

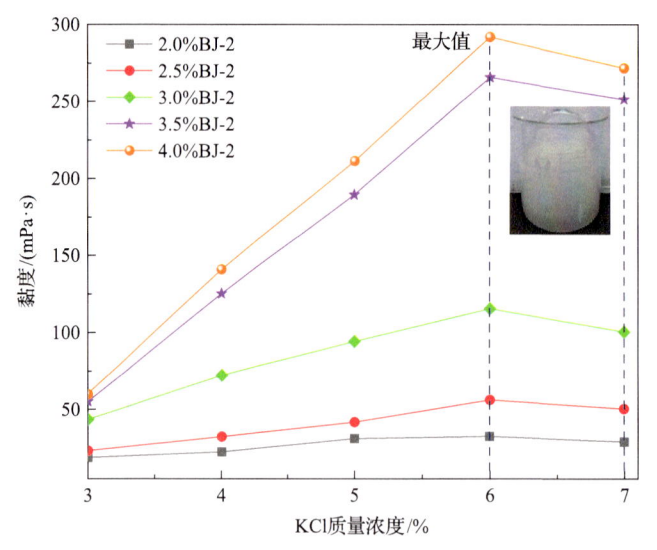

图 4-6 含不同质量浓度 BJ-2 和 KCl 的阴离子压裂液黏度的变化

7. 2.5%BJ-2 与不同质量浓度 KCl 压裂液的剪切稳定性分析

由图 4-7 可知，阴离子压裂液的黏度与剪切时间之间的关系呈正相关。BJ-2 质量浓度为 2.5%时，随着剪切时间延长，黏度整体呈现出升高的趋势。在剪切 120min 内，含有 6%KCl 阴离子压裂液的黏度最大约 80mPa·s。在最初剪切 20min 内，黏度升高幅度较大。随着剪切时间的延长，黏度的升高幅度渐渐减小。从图中可明显看出，含 2.5%BJ-2 和不同质量浓度 KCl 的阴离子压裂液黏度一直呈上升趋势，未趋于稳定，故无法满足压裂液耐剪切的性能要求。

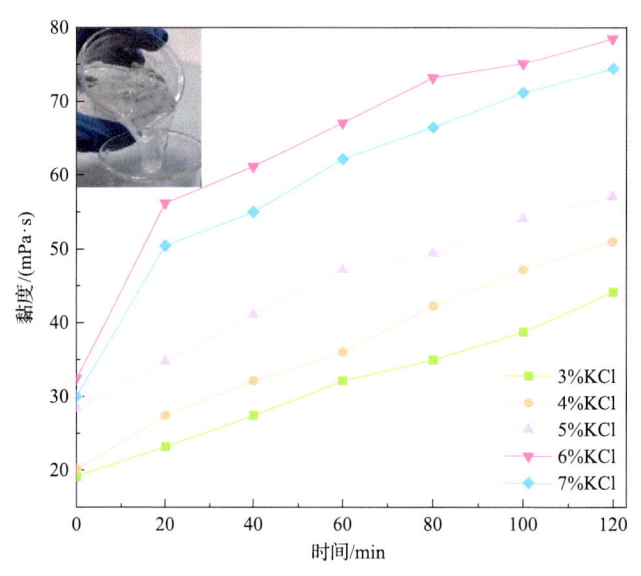

图 4-7 含 2.5% BJ-2 阴离子压裂液的剪切稳定性变化图

8. 3%BJ-2与不同质量浓度KCl压裂液的剪切稳定性分析

图4-8是含3%BJ-2阴离子压裂液在170s^{-1}剪切速率下剪切2h后其黏度的变化。从图中能够看出,在最初剪切20min内,黏度的增大幅度明显大于上述含2.5%BJ-2的阴离子压裂液。BJ-2质量浓度为3%,KCl质量浓度为3%~6%时,阴离子压裂液黏度随KCl浓度的提高而增大。含7%KCl压裂液黏度始终小于含6%KCl的阴离子压裂液。与含2.5%BJ-2阴离子压裂液相比,剪切80min后,含3%BJ-2阴离子压裂液黏度的增大速率变得较为缓慢,但一直呈增大趋势,也是未趋于平稳状态,故不符合压裂液剪切稳定性的要求。

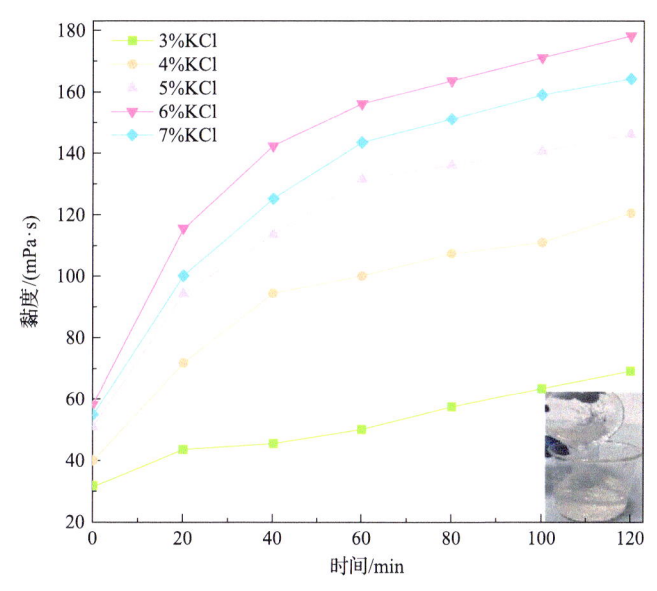

图4-8 含3%BJ-2阴离子压裂液的剪切稳定性变化图

9. 3.5%BJ-2与不同质量浓度KCl压裂液的剪切稳定性分析

由图4-9可知,BJ-2质量浓度为3.5%的阴离子压裂液,其黏度随着剪切时间的延长先增大,然后渐渐趋于稳定。含6%KCl阴离子压裂液的黏度最大,约为370mPa·s。在剪切20min内,与含BJ-2质量浓度为2.5%、3%的阴离子压裂液相比,含3.5%BJ-2阴离子压裂液黏度的增长速率有很大的提高,且在剪切80min后压裂液的黏度逐渐保持平稳趋势,说明含3.5%BJ-2的阴离子压裂液具备较好的剪切稳定性。

10. 4%BJ-2与不同质量浓度KCl压裂液的剪切稳定性

由图4-10可知,BJ-2质量浓度为4%的阴离子压裂液,在剪切20min内其黏度迅速升高到300mPa·s左右,增长速度较快,其增长幅度大于分别含有2.5%BJ-2、3%BJ-2及3.5%BJ-2的阴离子压裂液。KCl质量浓度为6%的阴离子压裂液黏度最大,可达380mPa·s左右。在剪切80min后,阴离子压裂液黏度升高速率变小,逐渐趋于稳定,说明含4%BJ-2

的阴离子压裂液具有较好的剪切稳定性。

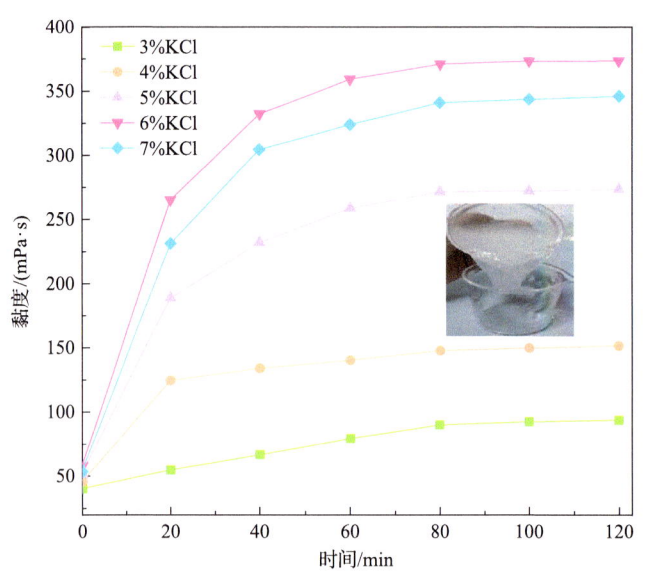

图 4-9　含 3.5%BJ-2 阴离子压裂液的剪切稳定性变化图

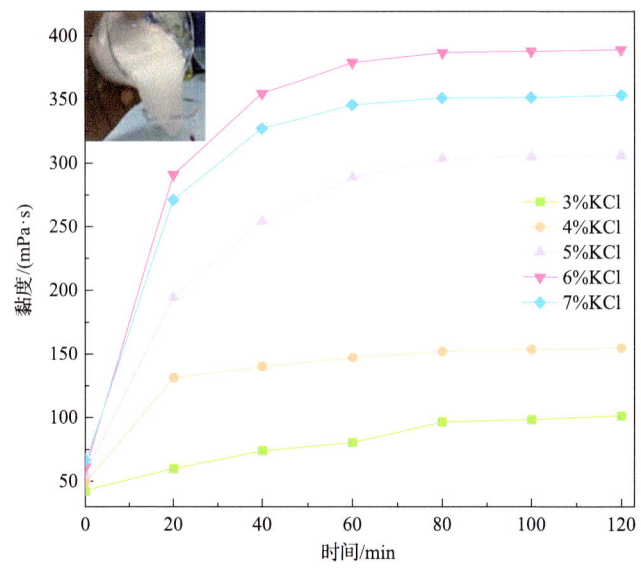

图 4-10　含 4%BJ-2 阴离子压裂液的剪切稳定性变化图

综上所述，阴离子压裂液的黏度随着 BJ-2 及 KCl 质量浓度（3%～6%）的提高而增大。含 2.5%BJ-2 与 3%BJ-2 的阴离子压裂液剪切稳定性较差，而含有 3.5%BJ-2、4%BJ-2 阴离子压裂液的剪切稳定性较好，且当 KCl 质量浓度为 6%时，它们的黏度均达到最大值。因此，进一步确定 BJ-2 的质量浓度为 3.5%或 4%，KCl 的质量浓度为 6%时，阴离子压裂液具有高黏度及较好的剪切稳定性，有利于提升煤体的渗透性和促进注水结果。

4.1.4 KOH 质量浓度的确定

如图 4-11 所示，含有 3.5%BJ-2、4%BJ-2 阴离子压裂液的黏度随着 KOH 质量浓度的提高而先增大到最大值，然后逐渐减小。KOH 质量浓度为 0.4%~0.8%时，阴离子压裂液黏度均小于 20mPa·s，不符合压裂黏度的要求。KOH 质量浓度为 0.9%~1%时，阴离子压裂液黏度增大速率很大。KOH 质量浓度为 1.0%时，这两种压裂液黏度均增大到最大值，且两者之间的差异较小。KOH 质量浓度小于 1.0%时，阴离子压裂液黏度持续增大到最大值；其质量浓度大于 1%时，压裂液黏度开始减小。这是因为适宜质量浓度的 KOH 会与 BJ-2 接触反应形成具有一定黏度的胶束。随着 KOH 用量的增多，胶束由原来的球形状渐渐转换成棒形状，最后形成有一定黏度的蠕虫形状的胶束。当 KOH 质量浓度超过压裂液可承受的极限范围时，就会减弱胶束中网状结构的缠结度以至其被分解，出现黏度下跌的现象。由此得知 KOH 的适宜质量浓度范围是 0.9%~1.1%，故本次实验选用质量浓度为 1%的 KOH。

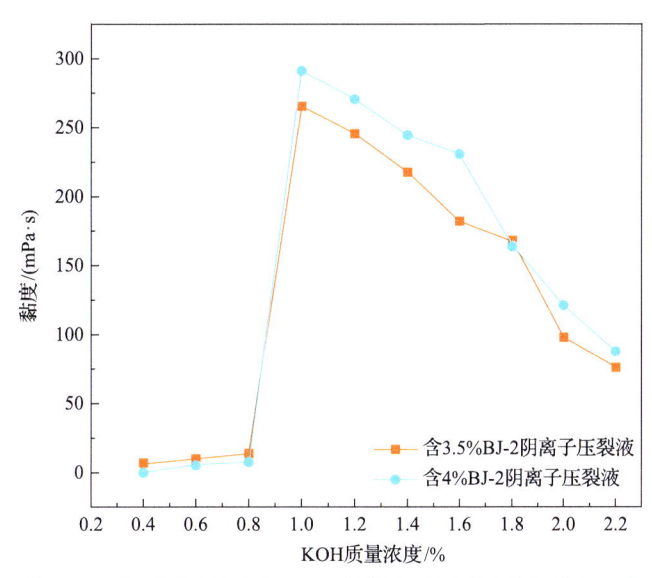

图 4-11 含不同质量浓度 KOH 的阴离子压裂液剪切黏度变化

4.1.5 EDTA 质量浓度的确定

从图 4-12 可以看出，含 3.5%BJ-2、4%BJ-2 阴离子压裂液的黏度随 EDTA 质量浓度的提高先增大到最大值然后开始减小。就含 3.5%BJ-2 阴离子压裂液来说，EDTA 质量浓度为 0.1%~0.2%时其黏度随 EDTA 质量浓度的提高而增大到最大值，约为 260mPa·s；DETA 质量浓度为 0.3%~0.4%时，其黏度出现减小的现象，且减小幅度不大；EDTA 质量浓度为 0.4%~0.6%时，阴离子压裂液黏度减小幅度较大，从 240mPa·s 左右迅速减小到 2mPa·s 左右，说明含 3.5%BJ-2 阴离子压裂液能够承受 EDTA 的最大极限浓度是 0.4%。EDTA 质量浓度为 0.1%~0.4%时，阴离子压裂液黏度均在 200mPa·s 左右，质量浓度为

0.2%时，黏度达到最大值。

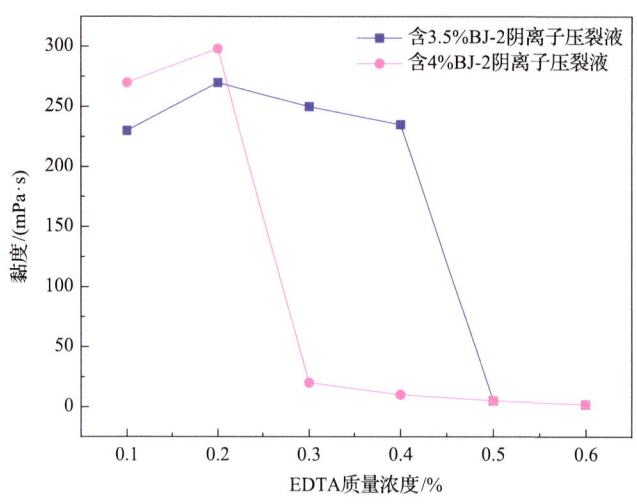

图 4-12　含不同质量浓度 EDTA 的阴离子压裂液剪切黏度变化

与含 3.5%BJ-2 阴离子压裂液相比，含 4%BJ-2 阴离子压裂液在 EDTA 质量浓度为 0.2%时黏度也达到最大值，约 300mPa·s；EDTA 质量浓度为 0.2%～0.6%时，压裂液黏度开始减小；EDTA 质量浓度由 0.2%变为 0.3%，阴离子压裂液黏度从 290mPa·s 左右快速减小至约 19mPa·s，EDTA 质量浓度为 0.4%～0.6%时，阴离子压裂液黏度降至 5mPa·s 以下，说明含 4%BJ-2 阴离子压裂液能够承受 EDTA 的最大极限浓度是 0.2%。基于以上两种压裂液的差异，最终确定 EDTA 的适宜质量浓度选为 0.2%。

4.2　阴离子压裂液的性能评价

4.2.1　阴离子压裂液性能实验

石油储层中带有使压裂液自动破胶的物质，而煤层中没有此类物质，故通过添加破胶类的物质优化油气领域的阴离子压裂液，使其发挥增渗的优势。因为煤层注水技术的特性，考虑采用一种比较清洁的破胶办法，使压裂液破胶后润湿煤体，实现更好的润湿结果。通过查阅文献资料得知，烃类物质、醇类物质、烃类与水混用这三大类物质均可以使压裂液破胶。考虑到矿井公司的经济效益以及现场操作的安全性，本节选用煤油、除锈剂（内含 SDS）、柴油、汽油这四种烃类物质与水混用作为破胶剂，它们的价格依次是 0.0084 元/mL、0.016 元/mL、0.004 元/mL、0.005 元/mL。

1. 破胶时间与破胶剂用量的测量

分别向含有 3.5%BJ-2、6%KCl、1%KOH、0.2%EDTA 的 25mL 阴离子压裂液和含有 4%BJ-2、6%KCl、1%KOH、0.2%EDTA 的 25mL 阴离子压裂液中加入不同量的煤油、除锈剂、汽油、柴油，用 ZNN-D12D 型数显黏度计测试它们的用量、破胶时间及破胶黏度

(<5mPa·s)之间的关系，确定这 4 种破胶剂的适宜用量。

2. 破胶后残渣含量的测量

分别将用煤油、除锈剂、汽油、柴油对阴离子压裂液破胶后的两种溶液倒入 8 个相同的离心管中，使其离心 30min 后，用针筒抽出分层的透明液体，将其与下层含残留物的液体分开，然后把含残留物的液体倒入 8 个已称量过质量的空烧杯中，将其放置于 DHG-9030 型真空干燥箱中烘干至恒量，称量计算出残渣量，压裂液破胶后残渣含量的计算如下所示：

$$\eta = \frac{m_0}{v_y} \times 1000 \tag{4-1}$$

其中，η 为压裂液的破胶残渣含量，g/L；m_0 为残渣的质量，g；v_y 为压裂液所用的量，mL。

使用高温高压滤失仪测试阴离子压裂液的滤失性。首先检查仪器各部件及电源部件是否可靠，其次接通电源，设置实验温度为 35℃，然后将两片滤失仪滤纸放入测试筒的底端，把 300mL 的阴离子压裂液倒入测试筒中，待滤失仪加热至其温度显示器的数值为 35℃时，开始进行加压实验，实验压差是 3.5MPa，测试阴离子压裂液在 4.2MPa 的压力下，其 36min 内透过滤纸的流量以及滤纸表面滤饼的产生情况。

4.2.2 煤油的破胶结果分析

1. 破胶时间与煤油用量的测量结果分析

破胶后的实验数据如表 4-2 所示，煤油破胶时间与阴离子压裂液黏度之间的关系如图 4-13 所示。

表 4-2 煤油破胶的实验数据

含 3.5% BJ-2 的阴离子压裂液			含 4% BJ-2 的阴离子压裂液		
破胶时间/h	煤油用量/mL	黏度/(mPa·s)	破胶时间/h	煤油用量/mL	黏度/(mPa·s)
1	1	0.7	1	1.5	0.9

由表 4-2 可以得知，含有 3.5%BJ-2、4%BJ-2 两种压裂液完全破胶所需煤油量为 1mL、1.5mL，破胶时间均为 1h，破胶后的黏度分别是 0.7mPa·s、0.9mPa·s。

1mL 煤油能够使 25mL 含 3.5%BJ-2 阴离子压裂液整体完成破胶，但不能将 25mL 含 4%BJ-2 阴离子压裂液整体破胶，这是因为含 4%BJ-2 阴离子压裂液黏度大，胶束结构缠绕更加紧密，需要更多的煤油将其解体破胶。但这两种阴离子压裂液破胶时间相同，整体完成破胶后的黏度相差很小且均小于 5mPa·s，说明煤油对阴离子压裂液的破胶效果好，符合压裂液破胶时间及破胶黏度的要求。

从图 4-13 中可以看出，阴离子压裂液的破胶黏度随着煤油破胶时间的延长而减小，这是因为随着破胶时间延长，煤油与压裂液得到充分接触，使压裂液内部更多网状结构胶束得到破坏，这样压裂液就会更快破胶，其黏度快速降低。破胶时间在 60min 左右，这两种阴离子压裂液黏度的减小幅度变小，最终使压裂液黏度均小于 5mPa·s。

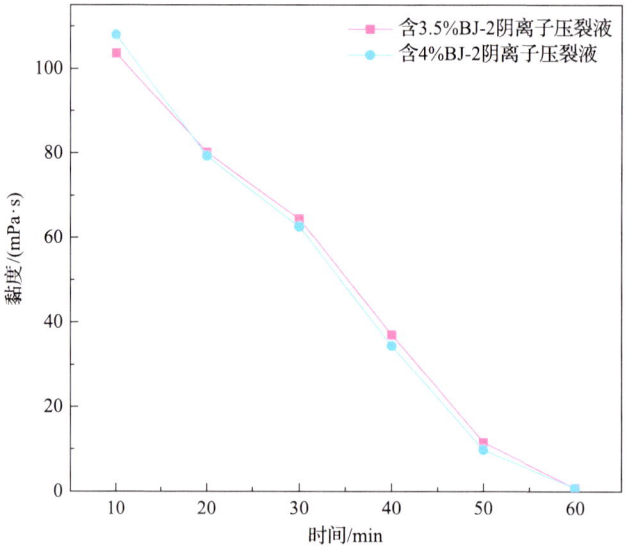

图 4-13 煤油破胶时间与阴离子压裂液黏度的变化图

2. 破胶后残渣含量的测量结果分析

煤油破胶阴离子压裂液后形成的残渣质量和残渣含量,其实验数据如表 4-3 所示,破胶后的阴离子压裂液及烘干残渣如图 4-14 所示。

表 4-3 煤油破胶的压裂液残渣质量和残渣含量

压裂液	残渣质量/g	残渣含量/(g/L)
含 3.5%BJ-2 的阴离子压裂液	0.00051	0.0204
含 4%BJ-2 的阴离子压裂液	0.00075	0.030

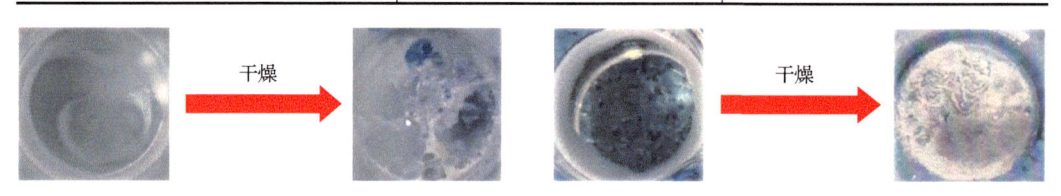

(a) 含3.5%BJ-2的阴离子压裂液　　　　(b) 含4%BJ-2的阴离子压裂液

图 4-14 煤油破胶后的阴离子压裂液及烘干残渣

通过表 4-3 可知,含 3.5%BJ-2 和 4%BJ-2 阴离子压裂液破胶后的残渣含量分别是 0.0204g/L 和 0.030g/L,均小于 0.1g/L。就烘干后的残渣含量而言,用 1mL 煤油对含 3.5%BJ-2 的压裂液破胶后形成的残渣含量要小于用 1.5mL 煤油对含有 4%BJ-2 的压裂液破胶后生成的残渣含量。

从压裂液破胶后表面的漂浮物以及其干燥后烧杯底部白色的残留物来看(图 4-14),含 4%BJ-2 的压裂液用煤油破胶后上层溶液的白色漂浮物以及烘干后烧杯底部的残留物明显多于含有 3.5%BJ-2 的压裂液,这与表 4-3 中计算得到的残渣含量数据结果是一致的。

第4章 阴离子压裂液优选及对煤样渗透率的影响

通过上述分析比较煤油对含 3.5%BJ-2 和 4%BJ-2 两种阴离子压裂液的破胶时间、破胶黏度、煤油用量及破胶后形成残留物的含量这几方面的破胶结果可知，1mL 煤油将含 3.5%BJ-2 阴离子压裂液破胶的效果要比 1.5mL 煤油将含 4%BJ-2 阴离子压裂液破胶的效果好，且均符合对压裂液破胶的要求。

4.2.3 除锈剂的破胶结果分析

1. 破胶时间与除锈剂用量的测量结果分析

破胶后的实验数据见表 4-4，除锈剂破胶时间与阴离子压裂液黏度之间的关系如图 4-15 所示。

表 4-4 除锈剂破胶的实验数据

含 3.5% BJ-2 的阴离子压裂液			含 4% BJ-2 的阴离子压裂液		
破胶时间/h	除锈剂用量/mL	黏度/(mPa·s)	破胶时间/h	除锈剂用量/mL	黏度/(mPa·s)
1	1	1.2	1	1.5	1.9

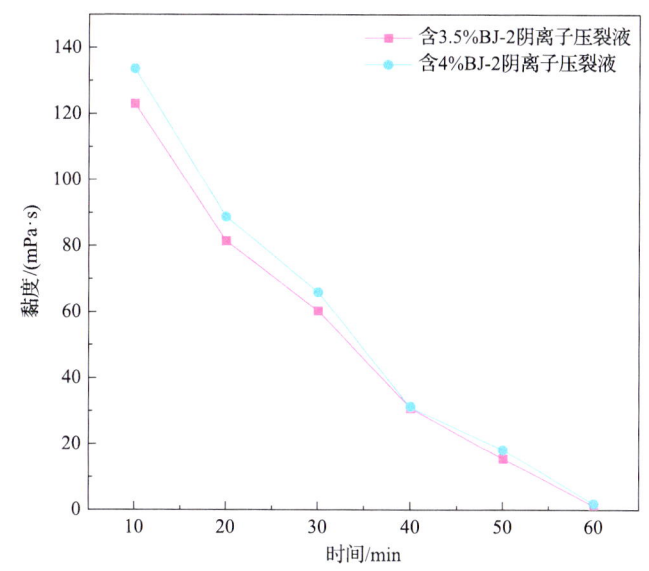

图 4-15 除锈剂破胶时间与阴离子压裂液黏度变化图

从表 4-4 可以得知，分别含有 3.5%BJ-2、4%BJ-2 阴离子压裂液完成破胶所需除锈剂的用量是 1mL、1.5mL，破胶时间均为 1h，破胶后的黏度依次是 1.2mPa·s、1.9mPa·s。这两种压裂液破胶所需除锈剂的用量及破胶时间均与上述煤油相同。与除锈剂对含有 3.5%BJ-2 的阴离子压裂液破胶所需的量及破胶后的黏度相比，对含有 4%BJ-2 的阴离子压裂液破胶所需的除锈剂量是其 1.5 倍，破胶后的黏度比其增大了 58.3%。且这两种压裂液的破胶后黏度均小于 5mPa·s，符合压裂液破胶后黏度及破胶时间的要求。

如图 4-15 所示，随着阴离子压裂液与除锈剂接触时间的延长，其黏度逐渐呈现下降趋势。破胶前 20min 内黏度下降幅度较大，后 20min 内下降幅度较小，因由阴离子压裂液与除锈剂起初接触进入原先紧密的网状结构胶束中，渐渐地将其解体，致使黏度快速下降；随着反应的进行，逐渐降低阴离子压裂液黏度，破胶时间在 60min 左右，最终将这两种阴离子压裂液黏度均降低至 5mPa·s 以下，完全破胶，满足对压裂液破胶黏度及破胶时间的要求。

2. 破胶后残渣含量的测量结果分析

除锈剂破胶阴离子压裂液后形成残渣，其实验数据如表 4-5 所示，破胶后的阴离子压裂液及烘干残渣如图 4-16 所示。

表 4-5 除锈剂破胶的残渣质量和残渣含量

压裂液	残渣质量/g	残渣含量/(g/L)
含 3.5%BJ-2 的阴离子压裂液	0.000543	0.0217
含 4%BJ-2 的阴离子压裂液	0.00134	0.0536

(a) 含3.5%BJ-2的阴离子压裂液　　　　　　　(b) 含4%BJ-2的阴离子压裂液

图 4-16 除锈剂破胶后的阴离子压裂液及烘干残渣

从残渣含量来看（表 4-5），含 3.5%BJ-2 和 4%BJ-2 阴离子压裂液的残渣含量分别为 0.0217g/L、0.0536g/L，均小于 0.1g/L。相比于含 3.5%BJ-2 的压裂液破胶后的残渣含量，含 4% BJ-2 的压裂液破胶后残渣含量明显较多，且其含量是前者压裂液的 2.5 倍左右。

如图 4-16 所示，除锈剂对含 3.5%BJ-2 的阴离子压裂液破胶后表面有少量白色漂浮物，而对含 4%BJ-2 阴离子压裂液破胶后表面有较多白色漂浮物。从干燥后烧杯底部的白色残留物来看，含 4%BJ-2 的阴离子压裂液破胶干燥后，烧杯底部残留物明显多于含 3.5%BJ-2 的压裂液，这与表 4-5 计算得到的残渣含量是一致的。与上述的煤油对阴离子压裂液破胶后表面的漂浮物及干燥后残渣量相比，除锈剂破胶后的残留物明显增多，说明除锈剂对压裂液破胶后形成的残留物多于煤油。

通过以上除锈剂对含 3.5%BJ-2 和 4%BJ-2 阴离子压裂液的破胶结果（破胶时间、破胶黏度、除锈剂的用量及破胶后形成残渣含量）分析比较可知，1mL 除锈剂破胶含 3.5%BJ-2 阴离子压裂液的效果要比 1.5mL 除锈剂破胶含 4%BJ-2 阴离子压裂液的效果好，且均符合对压裂液破胶的要求。

4.2.4 汽油的破胶结果分析

1. 破胶时间与汽油用量的测量结果分析

破胶后的实验数据见表 4-6，汽油破胶时间与阴离子压裂液黏度之间的关系如图 4-17 所示。

第 4 章　阴离子压裂液优选及对煤样渗透率的影响

表 4-6　汽油破胶的实验数据

含 3.5% BJ-2 的阴离子压裂液			含 4% BJ-2 的阴离子压裂液		
破胶时间/h	汽油用量/mL	黏度/(mPa·s)	破胶时间/h	汽油用量/mL	黏度/(mPa·s)
3	3	1.7	3.5	3	2.2

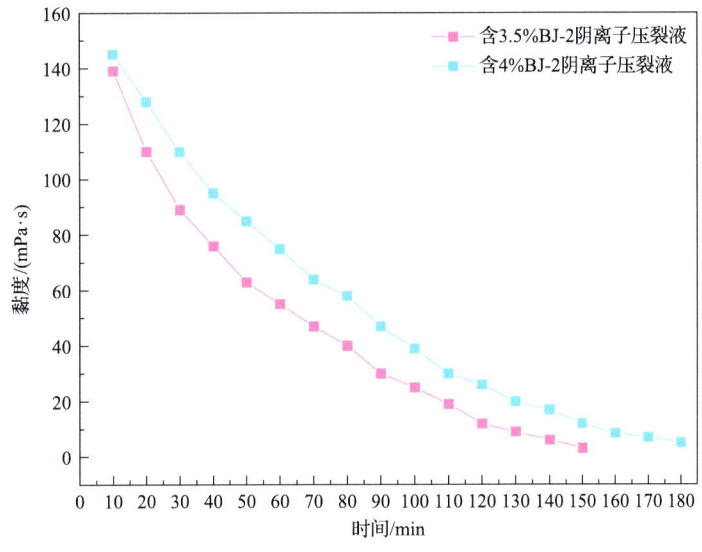

图 4-17　汽油破胶时间与阴离子压裂液黏度的变化图

由表 4-6 可知，分别含有 3.5%BJ-2、4%BJ-2 的阴离子压裂液完成破胶所需汽油的量均为 3mL，破胶时间分别为 3h、3.5h，破胶后的黏度依次是 1.7mPa·s、2.2mPa·s。破胶含有 3.5%BJ-2 的阴离子压裂液所需的汽油量等于破胶含 4%BJ-2 的压裂液所需的量，但是其破胶时间早于含 4%BJ-2 阴离子压裂液的破胶时间 0.5h，黏度也小于含 4%BJ-2 阴离子压裂液 0.5mPa·s，这归因于压裂液黏度大，其网络构造的胶束就会缠绕得更加紧密，使得汽油需要更多时间去慢慢瓦解。这两种压裂液的破胶后黏度均小于 5mPa·s，符合对压裂液破胶黏度的要求。

从图 4-17 中可以看出，阴离子压裂液与汽油反应时间越长，其黏度的减小幅度就会变小，直至将其黏度减小到 5mPa·s 以下。阴离子压裂液的黏度在破胶 80min 内下降幅度较大，在破胶最后 60min 内下降幅度较小。由汽油触碰到阴离子压裂液会损坏紧密缠绕的网状构造的胶束，使压裂液的黏度快速减小。随着汽油与压裂液反应时间延长，压裂液内部多数网状结构的胶束逐渐被汽油破坏，故最后压裂液的黏度下降幅度变小。

2. 破胶后残渣含量的测定

汽油破胶后形成的阴离子压裂液及残渣含量，其实验数据如表 4-7 所示，破胶后的阴离子压裂液及烘干残渣如图 4-18 所示。

从烘干后残渣含量来看（表 4-7），汽油对含 3.5%BJ-2、4%BJ-2 的压裂液破胶后的残渣含量分别为 0.3884g/L 和 0.5468g/L，均大于 0.1g/L，且含 4%BJ-2 阴离子压裂液形成的残渣含量明显比含 3.5%BJ-2 阴离子压裂液多。

表 4-7 汽油破胶后的残渣质量和残渣含量

破胶液	残渣质量/g	残渣含量/(g/L)
含 3.5%BJ-2 的阴离子压裂液	0.00971	0.3884
含 4%BJ-2 的阴离子压裂液	0.01367	0.5468

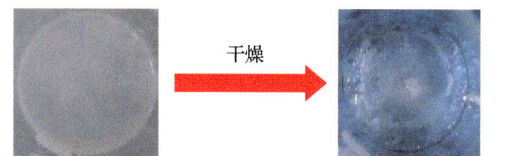

(a) 含3.5%BJ-2的阴离子压裂液　　　(b) 含4%BJ-2的阴离子压裂液

图 4-18 汽油破胶后的阴离子压裂液及烘干残渣

由图 4-18 可知，汽油对含 4%BJ-2 阴离子压裂液破胶后，其表面白色漂浮物比含 3.5%BJ-2 阴离子压裂液表面白色漂浮物厚一点。从干燥后烧杯底部的白色残留物来看，含有 4%BJ-2 的阴离子压裂液烧杯底部的残留物比含 3.5%BJ-2 阴离子压裂液要多。相比于煤油、除锈剂对阴离子压裂液破胶后的残留物，汽油破胶后的残留物较多，且残渣含量大于 0.1g/L，因此，不建议选用汽油作为破胶剂。

从汽油破胶含 3.5%和 4%BJ-2 阴离子压裂液的破胶时间、破胶后黏度、汽油用量及破胶后形成的残渣含量四方面来分析比较破胶结果，3mL 汽油对含 3.5%BJ-2 阴离子压裂液破胶的效果要比同等用量汽油破胶含 4%BJ-2 阴离子压裂液效果好。它们的破胶时间、破胶黏度均符合压裂液要求，但破胶后形成的残渣含量大于 0.1g/L，不符合压裂液破胶后残渣含量要求，故汽油不适宜用作破胶剂。

4.2.5 柴油的破胶结果分析

1. 破胶时间与柴油用量的测量结果分析

破胶后的实验数据见表 4-8，柴油破胶时间与阴离子压裂液黏度之间的关系如图 4-19 所示。

表 4-8 柴油破胶的实验数据

含 3.5% BJ-2 的阴离子压裂液			含 4% BJ-2 的阴离子压裂液		
破胶时间/h	柴油用量/mL	黏度/(mPa·s)	破胶时间/h	柴油用量/mL	黏度/(mPa·s)
2.5	2	3.2	3	2	3.8

由表 4-8 可知，分别含有 3.5%BJ-2、4%BJ-2 阴离子压裂液完成破胶后所需柴油的量均为 2mL，破胶时间为 2.5h、3h，破胶后的黏度分别为 3.2mPa·s、3.8mPa·s，破胶后的黏度均小于 5mPa·s，故满足对压裂液破胶后黏度的规定。这两种压裂液破胶所需柴油的用量均小于上述汽油 1mL，破胶时间均早于汽油 0.5h。

从图 4-19 中可以看出，阴离子压裂液被柴油破胶后其黏度随着时间延长也逐渐减小。破胶时间前 60min 内，阴离子压裂液的黏度下降幅度较大，归因于柴油渐渐地进入网状结构的胶束内部，将其紧密的结构溶解解体，使其黏弹性减弱。最后 60min 内，阴离子

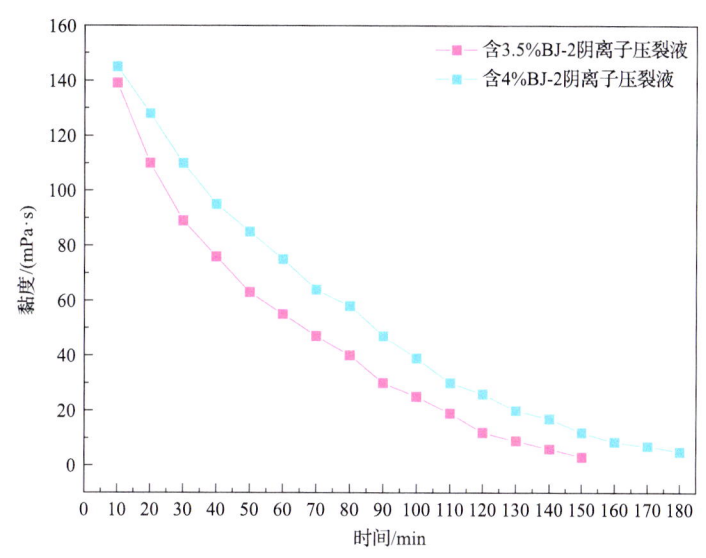

压裂液的黏度下降幅度较小，直至最终黏度小于 5mPa·s，实现整体破胶。

图 4-19　柴油破胶时间与阴离子压裂液黏度的变化图

2. 完全破胶后残渣含量的测量

测量柴油破胶阴离子压裂液后形成的残渣含量，如表 4-9 所示。破胶后的阴离子压裂液及烘干残渣图如图 4-20 所示。

表 4-9　柴油破胶后的残渣质量和残渣含量

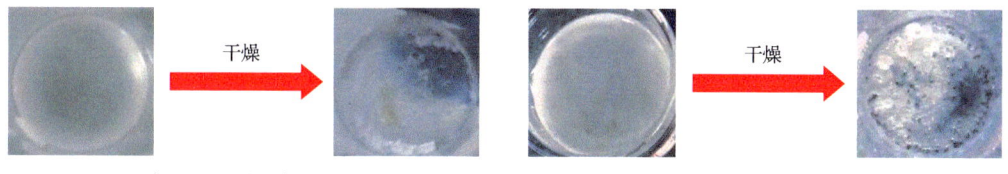

破胶液	残渣质量/g	残渣含量/(g/L)
含 3.5%BJ-2 的阴离子压裂液	0.00627	0.2508
含 4%BJ-2 的阴离子压裂液	0.00975	0.390

(a) 含3.5%BJ-2的阴离子压裂液　　　　　(b) 含4%BJ-2的阴离子压裂液

图 4-20　柴油破胶液及烘干残渣

含 3.5%BJ-2 和 4%BJ-2 阴离子压裂液被柴油破胶后的残渣含量分别是 0.2508g/L、0.390g/L，均大于 0.1g/L，不符合压裂液破胶后残渣含量的要求，故柴油不适合用作破胶剂。

从图 4-20 中可以看出，含 3.5%BJ-2 阴离子压裂液被柴油破胶后溶液上层有一层较薄的白色絮状漂浮物，干燥后烧杯底部有较薄的一层白色物质。含 4%BJ-2 阴离子压裂液被柴油破胶后溶液上层有较厚的白色漂浮物，干燥后烧杯底部有较多的白色物质。含 4%BJ-2 阴离子压裂液破胶后的漂浮物要比含 3.5%BJ-2 阴离子压裂液多。

综上所述，煤油、除锈剂、汽油、柴油这 4 种破胶剂对阴离子压裂液破胶后的黏度及破胶时间均满足破胶性能的要求。从阴离子压裂液被破胶剂破胶后溶液上层漂浮物和烘干后烧杯底部的残渣含量来看，煤油最少，除锈剂次之，其次是柴油，汽油最多。煤油、除锈剂破胶后的残留物均小于 0.1g/L，均符合残渣含量的要求。相比于除锈剂，煤油破胶后产生残渣含量小，不易因残渣含量多堵塞孔隙影响煤层的渗透性。但汽油及柴油破胶阴离子压裂液后形成的残渣含量均大于 0.1g/L，不符合破胶后残渣含量的要求，故汽油与柴油不能当成破胶剂。

依据 25mL 阴离子压裂液所需煤油、除锈剂这两种破胶剂的适宜用量，计算出 100mL 含 3.5%BJ-2 阴离子压裂液及其整体破胶所需煤油、除锈剂的总费用，分别约为 0.3486 元、0.379 元，100mL 含 4%BJ-2 阴离子压裂液及其整体破胶所需煤油、除锈剂的总费用，分别约为 0.388 元、0.434 元。由这两种压裂液总费用可知，煤油费用小于除锈剂费用。

从破胶时间、破胶黏度、残渣含量及费用来看，煤油的整体破胶效果要好于除锈剂且费用也低，因此选用煤油作为破胶剂。对比含不同质量浓度 BJ-2 阴离子压裂液被煤油破胶后的结果来看，虽然含 3.5%BJ-2 阴离子压裂液的破胶效果与含 4%BJ-2 阴离子压裂液相差不大，但含 3.5%BJ-2 阴离子压裂液整体上的破胶效果要好于含 4%BJ-2 阴离子压裂液，故阴离子压裂液成分配比初步确定为 3.5BJ-2、6%KCl、0.2%EDTA、1%KOH。

4.2.6 阴离子压裂液滤失结果分析

分析阴离子压裂液在 1h 内透过滤纸的流量以及滤纸表面滤饼的产生情况[17]，两者之间的关系如图 4-21 所示。

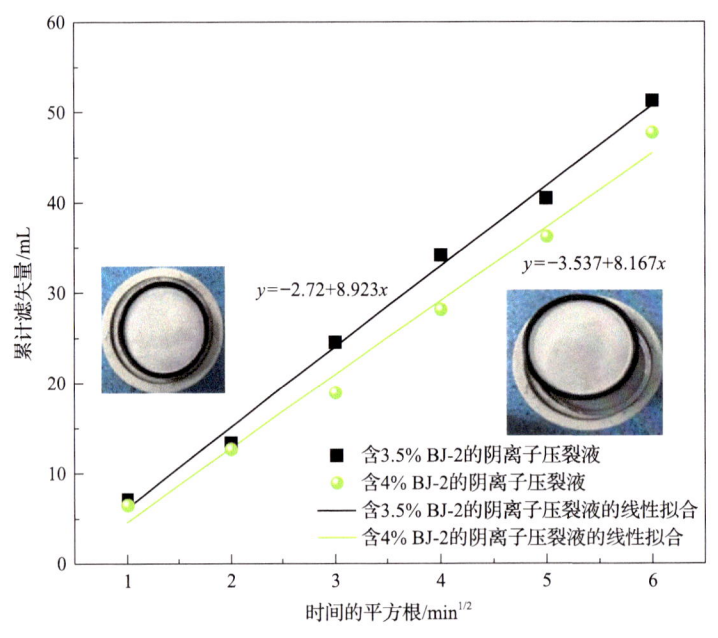

图 4-21 累计滤失量与时间平方根的线性关系

阴离子压裂液的滤失量情况如图 4-21 所示，阴离子压裂液的累计滤失量随时间的延长呈上升趋势。经线性拟合计算得到的含 3.5%BJ-2 和 4%BJ-2 阴离子压裂液的滤失系数分别

为 $1.97×10^{-3}m/min^{1/2}$ 和 $1.81×10^{-3}m/min^{1/2}$，它们的滤失系数相较于标准系数 $1×10^{-3}m/min^{1/2}$ 较大。但从滤饼情况来看，这两种含不同质量浓度 BJ-2 阴离子压裂液滤失结束后，其滤纸表面均未存有明显的滤饼。滤失系数的大小可以反映出压裂液滤失量的多少，而滤失量与滤饼的存在有很大关系，故滤失系数也与滤饼的产生与否有密切的关联，因此此次实验数据不能完全作为依据来衡量压裂液的滤失性能。没有显著的滤饼表明阴离子压裂液中固体残渣存在甚少，为阴离子压裂液完成破胶后润湿煤体做好了准备。含 3.5%BJ-2 和 4%BJ-2 阴离子压裂液的滤失系数相差不大，结合前面阴离子压裂液的破胶结果，最终确定所用阴离子压裂液成分的最佳浓度为 3.5%BJ-2、6%KCl、0.2%EDTA 和 1%KOH。

4.3 阴离子压裂液对煤样渗透润湿的影响分析

4.3.1 煤样采集及基本数据

实验煤样选用无烟煤。无烟煤取自山西省(中国)晋城神农煤矿开采 15#煤层 15101 工作面，厚度 3.79m，倾角 10°~26°，矿井开采形式为斜井开拓，水平标高为+780m，现最大开采深度为 320m。从神农煤矿 15101 工作面收集了新鲜的煤样并对其封闭存储，通过 YP-15 粉末压片机、400Y 多功能粉碎机分别将煤样加工成平面光滑的圆柱体(直径 15mm、厚度约 6mm)、体积不超过 $2cm^3$ 的小煤块和不超过 300 目的煤粉样品，煤粉样品的矿物含量如表 4-10 所示。根据对煤样进行工业分析(表 4-11)，得知煤样是低挥发分的无烟煤。

表 4-10 煤样所含矿物的相对含量(质量分数) (单位：%)

黄铁矿	方解石	钾长石	钠长石	黏土矿物	
				高岭石	蒙脱石
22.03	9.15	9.07	25.17	24.6	9.98

表 4-11 煤样的工业分析 (单位：%)

煤样	煤级	最大镜质反射率	矿物成分(质量分数)			近似分析(质量分数)			
			镜质体	惰质	壳质	水分	灰分	挥发分	全硫
15#	无烟煤	4.04	87.68	10.50	0.61	0.34	18.71	11.36	2.15

4.3.2 煤样接触角和渗透率测试

1. 煤样接触角测试

阴离子压裂液对煤样的润湿程度是提升煤层压裂增透的前提条件。煤体表面的润湿情况通常依据接触角的数值大小来判断。对于亲水的煤样表面，当煤样与水的接触角小于 90°时，表明其润湿性好，亲水性强；当煤样与水的接触角大于 90°时，表明其润湿性差，更易亲油。若煤样被润湿的程度越高，说明阴离子压裂液对煤样起到越好的润湿作用。这样就使得更多的阴离子压裂液流入煤样内部，顺而将阻塞裂缝裂隙的杂物冲刷掉，使孔裂隙的通道变得更加顺畅，有利于增加煤样的渗透性。因此，通过测试阴离子压裂液在不同粒径煤样上的接触角大小来判断其润湿效果。

首先使用 400Y 多功能粉碎机将煤样破碎，然后用筛子筛选出 20 目、120 目、325 目左右 3 种不同粒径的煤粉。将制得的煤粉放入 DHG-9030 型真空干燥箱中，设定工作温度为 50℃，将其烘干 2h，以避免空气中水分对实验结果的影响。使用电子天平称量出 0.6g 不同粒径的煤粉，之后通过 YP-15 粉末压片机压制出多个平面光滑的圆柱体形状的煤样试片（直径约 1.5cm、厚度约 0.6cm），最后利用光学接触角测量仪分别测试去离子水和阴离子压裂液在不同目数的煤样试片上的接触角数值，相同目数的煤样测试三次，对比分析两种溶液在不同目数煤样试片上的润湿效果。

2. 煤样渗透率测试

以去离子水为对照，在-30℃条件下，以 240g、250g、260g 煤样模拟优化后的阴离子压裂液对煤层渗透率的影响。一般来说，在等体积条件下，煤的孔隙率随质量的增加而降低。因此，这些煤样可以代表低、中、高渗透性煤。利用渗透率测试仪分别测量优化后的阴离子压裂液和去离子水在煤样中的渗透率，首先把真空干燥后的圆柱形煤样放入岩心夹持器中，其次检查设备的密封性，然后把破胶过滤后的压裂液倒入测试仪容器中，对压裂液施加压力，使其从岩心夹持器正端的入口进入岩心。从观察到第一次流出时开始记录时间，直到流速稳定下来，确定 1mL 液体流出所用的时间。根据达西定律，通过式(4-2)计算煤样的渗透率 K：

$$K = 10^{-1} \frac{\mu Q L}{\Delta P A} \tag{4-2}$$

其中，K 为岩心渗透率，$10^{-3} \mu m^2$；Q 为流动介质的体积流量，cm^3/s；L 为岩心轴向长度，cm；A 为岩心横截面积，cm^2；μ 为流体的黏度，mPa·s；ΔP 为岩心进出口的压差，MPa。

4.3.3 阴离子压裂液对煤样润湿影响分析

通过接触角实验测试得到了去离子水、阴离子压裂液在 20 目、120 目、325 目煤样试片上接触角的大小，如图 4-22 所示。

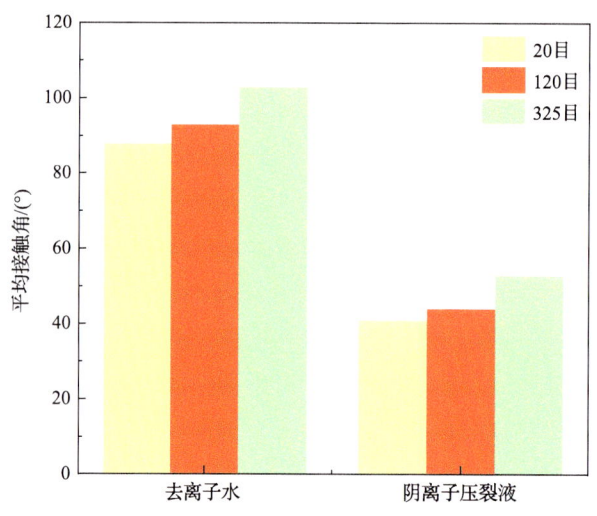

图 4-22 不同溶液在不同目数煤样试片上的接触角对比

从图 4-22 接触角对比中可以看到，去离子水和阴离子压裂液在煤样试片上的接触角均随着煤样目数的增大而变大，由此说明煤样目数大，溶液对煤样的润湿程度就会减弱。这是因为不同目数的煤样，其煤样内颗粒之间存在的裂缝间距不一样，进而导致孔体积和表面积不同。相比于粒径小的煤样，粒径大的煤样表面的孔体积及表面积可能会大一点，这样就使得液体更容易进入内部润湿煤样。去离子水在不同目数煤样试片上的接触角为 90°~105°，均大于 90°，说明去离子水不容易润湿煤样。阴离子压裂液在不同目数煤样试片上的接触角为 40°~60°，均小于 90°，表明阴离子压裂液较容易润湿煤样。阴离子压裂液在不同目数煤样试片上的接触角均小于去离子水，两者接触角相差约 50°。说明相比于去离子水，阴离子压裂液对煤样的润湿效果较好。一般情况下，煤表面是带负电荷的，而阴离子表面活性剂能离解负电离子，提高煤的外观电负性。煤表面的大量负电荷增强了其润湿性，降低了煤表面的疏水性。由此证明，阴离子压裂液对煤样有较好的润湿作用，有利于增大煤样的渗透率。

4.3.4 阴离子压裂液对煤样渗透率影响分析

通过煤样渗透率试验测试计算得到了阴离子压裂液在 240g、250g 及 260g 不同质量煤样中的渗透率，如图 4-23 所示。

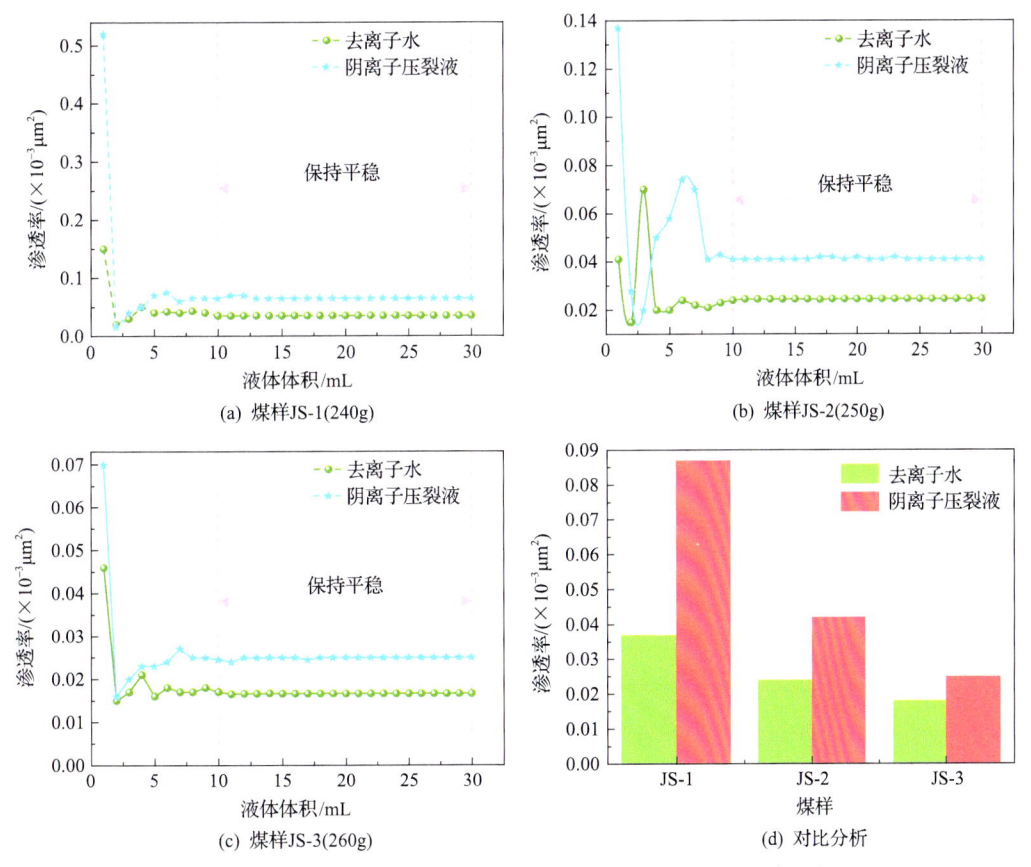

图 4-23 去离子水和阴离子压裂液在不同质量煤样中的渗透率

如图 4-23 可知，从管口流出液体流量为 10mL 时，去离子水和阴离子压裂液在煤样内渗透率变化均不稳定，可能与液体流出速度时快时慢、不连续且液体之间隔有空气有关。从管口流出液体流量为 11～30mL 时，去离子水和阴离子压裂液在煤样内的渗透率变化均很小，逐渐呈现稳定趋势，说明液体流动于煤样内的体积流量也逐渐达到一个稳定值。在此流量期间，实验过程中观察到流出液体速度较为稳定，没有出现最初流出液体前 10mL 时液体流出断断续续的现象，相反液体流出稳定，与渗透率趋势相一致。阴离子压裂液在质量为 240g 煤样内的渗透率最大，在 250g 煤样内的渗透率次之，在 260g 煤样内的渗透率最小。

从图 4-23 可以清晰地看出，当溶液流出流量稳定后，阴离子压裂液在不同质量煤样内的渗透率均显著大于去离子水，煤样质量的增大使得液体在煤样内的渗透率呈现出降低的变化趋势。与去离子水相比，阴离子压裂液在不同渗透率煤样中（240g、250g 和 260g）的渗透率分别提高了 131.3%、77.4%、44%，且随着煤样质量增大，两者之间渗透率差值减小，是因为煤的质量增大会增大溶液在煤样内的流动阻力，使得液体在煤样内部的流速减小，进而流动于煤样内的体积流量也变小，最终影响液体在煤样内的渗透率。阴离子压裂液与水相比，对煤样具有更有效的增渗作用，为其应用到煤层注水促进注水效果提供了依据。

参 考 文 献

[1] Willberg D, Card R, Brit L. Determination of the effect of formation water on fracture fluid cleanup through field testing in the East Texas Cotton Valley[C]//SPE38620, Annual Technical Conference and Exhibition, San Antonio, 1997.

[2] Zhang W L, Mao J C, Yang X J, et al. Development of a sulfonic gemini zwitterionic viscoelastic surfactant with high salt tolerance for seawater-based clean fracturing fluid[J]. Chemical Engineering Science, 2019, 207: 688-701.

[3] 李乐. 驱油压裂液的制备与性能评价[D]. 东营：中国石油大学（华东），2017.

[4] Lu Y Y, Yang M M, Ge Z L, et al. Influence of viscoelastic surfactant fracturing fluid on coal pore structure under different geothermal gradients[J]. Journal of the Taiwan Institute of Chemical Engineers, 2019, 97: 207-215.

[5] 黄飞飞，蒲春生，陆雷超，等. 胍胶压裂液高效破胶降解剂体系研究[J]. 应用化工，2021，50(5)：1168-1172.

[6] 薛汶举. 耐温性阴离子双子表面活性剂清洁压裂液增稠机理研究[D]. 荆州：长江大学，2017.

[7] 刘源，王丽伟，庹维志，等. 氯化钙加重聚合物压裂液破胶技术研究[J]. 非常规油气，2021，8(3)：105-110.

[8] 刘宇龙，熊青山. 耐高温自破胶冻胶体系的室内研究及性能评价[J]. 当代化工，2020，49(12)：2782-2785.

[9] 孟玉玲，赵菲，郭丹丹，等. 聚电解质纳米粒子作为酶破胶剂载体的性能研究[J]. 齐鲁工业大学学报，2021，35(1)：1-5.

[10] 何青，李雷，徐兵威，等. 大牛地气田水平井同步破胶技术研究[J]. 重庆科技学院学报（自然科学版），2015，17(2)：42-47.

[11] 王国强，冯三利，崔会杰，等. 清洁压裂液在煤层气井压裂中的应用[J]. 天然气工业，2006，26(11)：104-106.

[12] 贾帅. 低伤害阴离子粘弹性表面活性剂压裂液[D]. 西安：西安石油大学，2016.

[13] 石莹莹. 系列 N-脂肪酰基天冬氨酸钠的胶束化热力学性能研究[J]. 化工技术与开发，2018，47(9)：17-20.

[14] 周逸凝. 研发聚合物与表面活性剂可逆物理交联清洁压裂液[D]. 西安：西安石油大学，2015.

[15] 国家发展和改革委员会. SY/T 7627—2021 水基压裂液技术要求[S]. 北京：石油工业出版社，2022.

[16] 李俠清，张弛，张贵才，等. 黏弹性表面活性剂在油田中的应用[J]. 日用化学工业，2014，44(9)：521-524，538.

[17] 刘平礼，兰夕堂，邢希金，等. 一种自生热耐高温高密度压裂液体系研究[J]. 石油钻采工艺，2013，35(1)：101-104.

第5章 低密度新型水溶常温暂堵剂及堵漏性能

水力压裂技术工艺在煤矿治理瓦斯、消除应力集中等方面展现出优异的效果并得到推广应用。但煤体是一种多孔介质，在水力压裂过程中，压裂液体会沿着煤体原生孔裂隙流失，即滤失效应造成会导致压裂区域内压力无法升高，压裂效果较差。因此，众多专家学者以及一线工作人员开始考虑其他方法改进作业，包括研发压裂液、升级研发水力压裂配套设备以及改进水力压裂工艺方法等进一步提升矿井水力压裂的实际作业效果。因此，针对煤矿水力压裂滤失效应，借鉴石油领域水力压裂憋压球的工作原理，设计研发矿井水力压裂用暂堵剂。通过封堵原生孔裂隙，完善压裂憋压空间，增强水力压裂效果。

考虑煤矿水力压裂的施工目的，暂堵剂需要满足以下两个要求：①考虑暂堵剂需要跟随液体流场运移至煤体孔裂隙，避免暂堵剂在泵机内或未达孔裂隙之前就产生堆积，暂堵剂的密度要求与水的密度接近。②煤矿原生裂隙较小，现有暂堵剂的尺寸较大，封堵效果达不到要求，因此暂堵剂的尺寸要贴合煤体原生孔裂隙的尺寸；③由于暂堵剂在发生作用后会随时间降解，为了保护地下水资源和地下环境，暂堵剂研发过程中必须使用清洁无污染的原材料。综上所述，尽管暂堵剂在油气领域已经取得了优异的效果，但考虑煤矿领域水力压裂的特殊要求，只有满足上述三项条件，暂堵剂才能在煤矿水力压裂作业中取得良好的效果。本章主要研究一种低密度可溶性暂堵剂，首先通过物理化学性质对比，优选暂堵剂原材料并制作煤矿水力压裂用暂堵剂；其次通过实验手段测评其理化性能；最后通过封堵仿真实验探究不同开度裂隙条件下暂堵剂的封堵效果。

5.1 低密度水溶性暂堵剂的配置及优化

5.1.1 实验药物及规格

低密度水溶性暂堵剂实际为一种交联化合物，这种化合物不仅具有优良的低密度特性，而且能够溶解于水溶液。它是通过一个复杂的化学反应过程产生的，这个过程涉及多种化学物质的微观化学键结合，通过自由基与单体物质交联成为稳定的物质，确保了暂堵剂在应用中的稳定性和有效性。

在实验中选取丙烯酸以及丙烯酰胺作为主料，通过氢氧化钠提供碱性环境。在碱性条件下丙烯酸和丙烯酰胺在过硫酸钠($Na_2S_2O_8$)以及聚乙烯醇$[C_2H_4O]_n$提供大量自由基的条件下发生交联反应。由于在反应过程中存在大量的羟基自由基(—OH)、硫自由基(—S)、氢自由基(—H)与个体分子单元结合，即自由基聚合反应。在反应过程中AA提供双键，通过自身所具有的反应活性提供丙烯基单元。丙烯酰胺自身也具有反应活性，因此引入丙烯酰胺单体丰富聚合物结构的同时，与丙烯酸发生聚合反应。$Na_2S_2O_8$是一种引发剂，其分解会产生硫酸根自由基引发丙烯酸和丙烯酰胺聚合。聚乙烯醇是一种交联剂，能够与丙烯酸和丙烯酰胺之间的双键发生反应，从而形成交联点，增加聚合物的网络密度和稳定性。

氢氧化钠作为维持反应环境的条件，有以下几个作用：一是过硫酸钠在碱性条件下更容易分解产生硫酸根自由基，这些自由基是引发聚合反应的活性物质，在碱性环境中，自由基的生成更为有效，从而确保聚合反应的进行；二是在碱性条件下，丙烯酸和丙烯酰胺保持稳定，碱性条件有助于这些单体以合适的形式存在，以参与聚合反应，尤其是丙烯酸在酸性条件下可能被质子化，从而影响其聚合能力；三是保证交联剂的活性，聚乙烯醇等交联剂在碱性条件下更容易与聚合物链上的活性位点发生反应，从而形成交联点。碱性环境有助于交联剂与聚合物中的双键或其他活性基团反应，从而提高生成率。实验所用的化学试剂及其规格相关信息如表 5-1 所示。

表 5-1 实验试剂及其规格

试剂名称	纯度	理化特性
丙烯酸	分析纯	含有双键的羧酸
丙烯酰胺	分析纯	含有双键的酰胺类化合物
聚乙烯醇	分析纯	是一种重要的多功能高分子化合物，具有良好的水溶性
过硫酸钠	分析纯	广泛用作化学合成中的氧化剂，如聚合反应的引发剂
氢氧化钠	化学纯	具有强碱性，腐蚀性极强，可作为酸中和剂、配合掩蔽剂、沉淀剂、沉淀掩蔽剂、显色剂、皂化剂、去皮剂、洗涤剂等，用途非常广泛

5.1.2 实验方法

由于该实验涉及的材料包含有毒有害物质，为了保证人体生命健康安全，该实验过程必须保证在通风橱的配合下进行，做好身体防护，佩戴好手套、口罩和眼罩，避免药品对人员造成危害。

具体合成方法如下：首先向丙烯酸溶液中滴入少量的去离子水，使用磁力搅拌器搅拌均匀得到丙烯酸溶液，目的为使丙烯酸分子在水中分散开，使丙烯酸溶液中的自由基能够更好地与其他分子接触，从而提高反应效率；之后在冰水浴的条件下将一定的氢氧化钠缓慢加入丙烯酸溶液中，得到偏中性的丙烯酸水溶液，使用冰水浴是因为氢氧化钠溶液在溶解的过程中会释放大量的热，避免发生爆炸也是为了避免温度过高影响反应活性，而氢氧化钠的加入也使反应环境变为碱性条件，对丙烯酸、丙烯酰胺以及后续的交联剂与引发剂的反应活性都有促进作用；然后向丙烯酸水溶液中缓慢加入丙烯酰胺粉末与过硫酸钠粉末，搅拌至水溶液中无明显固体颗粒物得到 A 组分，此处的过硫酸钠起到引发剂的作用，可以提供丰富的自由基硫酸根，自由基作为引发聚合反应的活性物质，在此处起到激活反应的作用；在搅拌的过程中向 A 组分当中缓慢加入一定量的过聚乙烯醇，同时加入少量去离子水搅拌至杯壁无固体颗粒后停止搅拌，添加聚乙烯醇之后，丙烯酸与丙烯酰胺的双键被彻底激活，复杂的交联网络生成，在反应烧杯中出现白色乳胶状沉淀并逐渐向下移动生成沉淀，如图 5-1 所示。

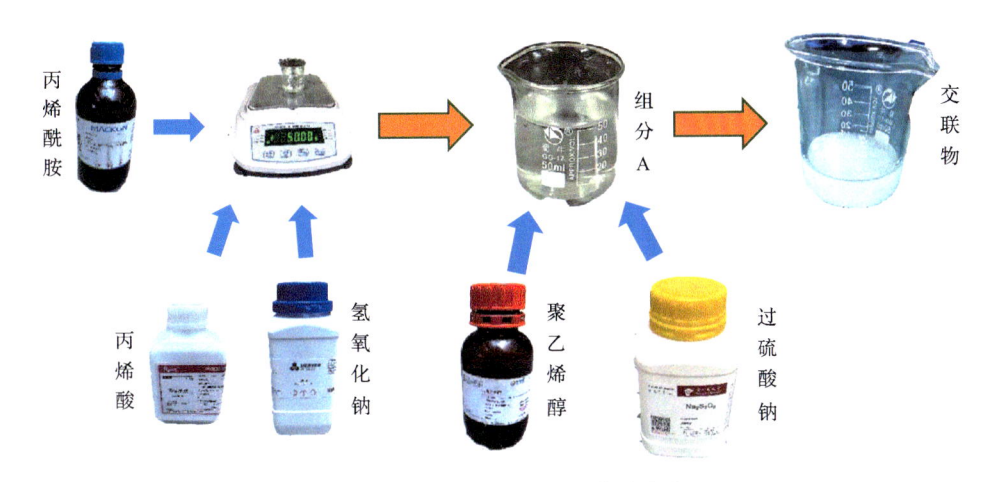

图 5-1 固定目数暂堵剂的化学合成

静置一段时间待溶液分层后倒去上层清液，将下层胶状沉淀吸取添入装有石蜡溶液的试管中。为避免在加热过程中内部材料受热不充分，每次所取质量不宜过大；在 90℃的水浴中加热 40min 后得到产物，使用无水乙醇洗涤三次之后放入干燥箱干燥 9h；最后使用粉碎机粉碎后利用网筛筛选出需要的颗粒材料得到最终产物，如图 5-2 所示。

图 5-2 固定目数暂堵剂获取流程

5.2 暂堵剂性能评价

5.2.1 暂堵剂悬浮性测试以及体积密度测量实验

为了保证暂堵剂在水力压裂作业过程中随液体流场运移至煤体原生孔裂隙处，其密度是一个重要的影响参数，密度过大或过小都会导致暂堵剂在某一区域产生积聚，只有与水密度相近并且能够在水中长时间保持该密度不发生变化，才能满足煤矿水力压裂的施工要求。因此分别对暂阻剂的悬浮性能和体积密度进行测试。

首先是悬浮性能测试，为了确保实验符合工程实际，悬浮性能测试所用液体采用高家堡煤矿水力压裂作业地点取得的矿井水。同时，为了避免暂堵剂堆积在一起造成部分颗粒与水接触不充分，在搅拌过程中缓慢放入暂堵剂颗粒。

为了观测暂堵剂在水中的空间分布及其在水中稳定的时间，在实验开始后每隔0.5h进行一次形态观测，后续暂堵剂稳定后每12h观测一次。具体效果如图5-3所示。

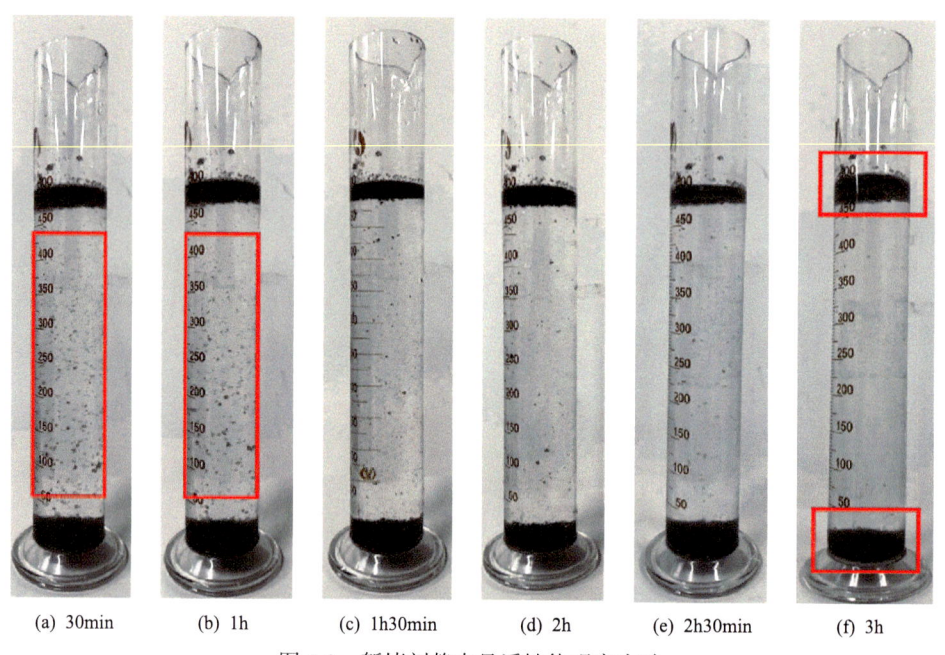

(a) 30min　　(b) 1h　　(c) 1h30min　　(d) 2h　　(e) 2h30min　　(f) 3h

图5-3　暂堵剂静态悬浮性能观察实验

从图5-3中可以看出，暂堵剂颗粒在水中会出现分层现象，大部分颗粒在0.5h时就已经堆积在底部以及顶部，并有较多颗粒悬浮在量筒中间，随着时间的推移，上层或底部的颗粒也会发生变化进而下坠或者上浮，这个过程持续时间约为3h。以暂堵剂漂浮在量筒中运移颗粒数量为依据，将暂堵剂在水流中的持续过程划分为三个阶段。第一阶段0~1h，量筒内部存在大量的悬浮颗粒，随着时间的推移悬浮颗粒数量明显减少，此时大量的颗粒随着与水接触时间的推移，受其形状甚至与水的接触情况不断变化的影响，其在水中的稳定性不断变化，大量的颗粒不断上浮下沉，此时的混合溶液处于一种动态平衡的过程，筒内部悬浮颗粒数量并未发生明显变化。第二阶段1~2.5h，此时量筒内部悬浮的暂堵剂颗粒逐渐减少，尤其是1~1.5h，在液体内部上下浮动的颗粒越来越少，这部分颗粒也分两种情况：第一种是在液体内部悬浮的极少数颗粒时而上浮时而下沉，但却一直存在水中，未在顶部与底部堆积，且移动范围极其有限；第二种则是仍然处于移动过程，该过程中移动的颗粒较为缓慢，但一直会有新的颗粒从上层或者底部分离出来，将该阶段定义为第二阶段。第三阶段2.5~3h，此时已经无法观察到向上运移的颗粒，只有极少部分悬停在中间，并以极缓慢的速度向下运移。

3h 之后，量筒内部悬浮颗粒已经无法短时间内出现肉眼可见的变化，此时 12h 观测一次，目的是观测暂堵剂在水中保持稳定的时间长短，具体情况如图 5-4 所示。

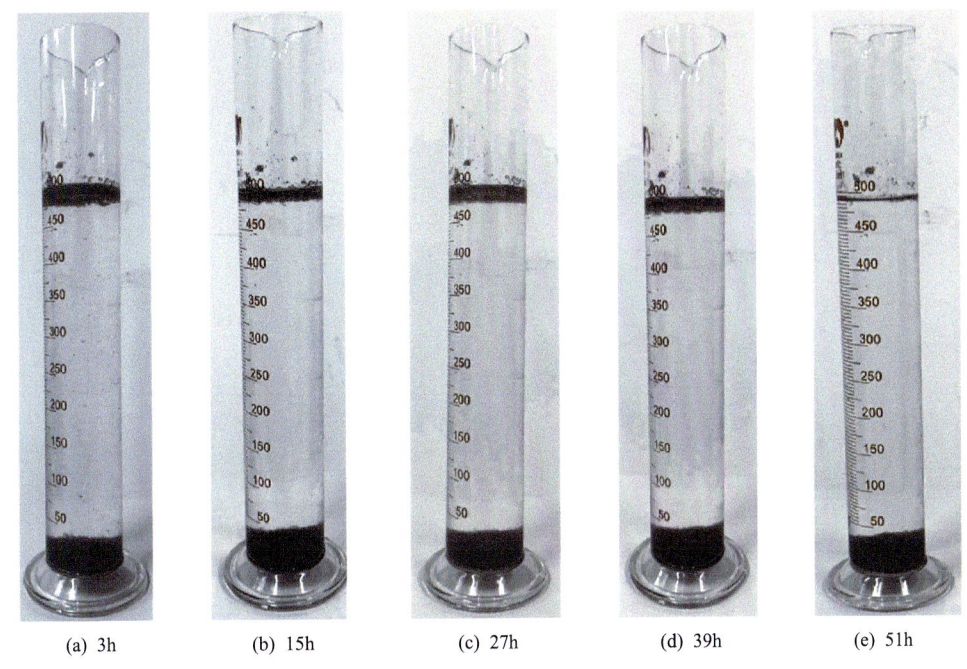

(a) 3h　　(b) 15h　　(c) 27h　　(d) 39h　　(e) 51h

图 5-4　暂堵剂稳定悬浮时间性能观察实验

从图 5-4 中可以看出，经过一段时间的发展，暂堵剂全部堆积在底部与表层处，在液体内部基本无法观测捕捉到暂堵剂颗粒，但随着时间的推移，上层堆积颗粒逐渐消失。直至 51h 时，上层暂堵剂基本消失不见，上层黑色部分为水解后部分絮状物质黏着在管壁上。表明暂堵剂随着时间推移在水中溶解，无法以的固态物质存在，还有一部分随着时间的推移其颗粒部分水解，液体浸润到颗粒内部，使颗粒的密度发生变化，颗粒不断下沉，因此底部的颗粒在时间的推移过程中出现了一定的增加，但从总量上来看还是处于消逝的状态。后续搅拌发现，绝大多数暂堵剂颗粒已经变成了絮状物，只有少量未水解物质可在搅拌后继续悬浮在水中维持一段时间。

在进行体积密度测量实验时，使用体积密度测量仪来精确地测量暂堵剂的体积（图 5-5）。为了确保实验的准确性和重复性，所有操作步骤都必须严格按照干燥无尘操作。首先，准备足够的暂堵剂，并且将其完全干燥至质量恒定。这一过程中，应确保温度在 18~28℃，以避免温度过高导致样品中水分蒸发以及温度突然改变而导致容器体积热胀冷缩而影响实验结果。其次，称出干燥空筒质量并记录作为初始数据，单位为 g，记作 m_f。将暂堵剂装入 150mL 的烧杯中，缓慢封闭漏斗的出口，将黄铜圆筒居中。同时，将黄铜圆筒放置在漏斗出口的正下方，保证圆筒与出口保持一定距离，以免实验过程中发生泄漏。将样品由烧杯倒入漏斗中，打开位于漏斗底部的橡皮球阀，令暂堵剂流入黄铜圆筒内。当漏斗内的暂堵剂全部流出时，用直尺平滑地在圆筒边缘滑动，使其与黄铜圆筒口表面相吻合，确保没有任何凸起或凹陷。此时，称出圆筒内的暂堵剂质量，单位为 g，记作 m_{f+p}，通过下式计算体积密度 ρ。

$$\rho = \frac{m_p}{v_{cyl}}$$

$$m_p = m_{f+p} - m_f$$

其中，ρ 为体积密度，g/cm³；m_p 为暂堵剂净质量，g。

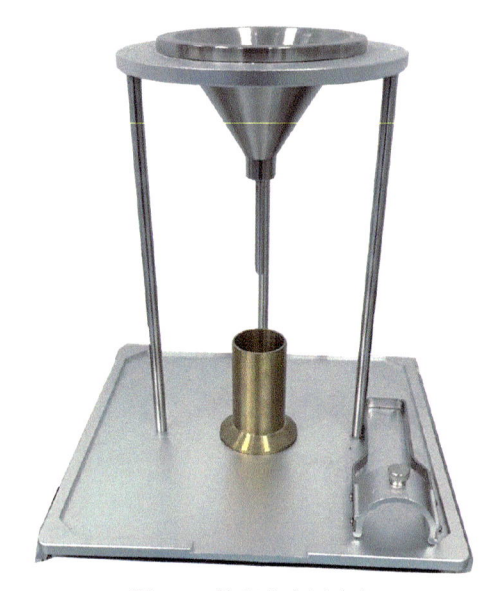

图 5-5 体积密度测定仪

通过计算可得该暂堵剂体积密度约为 0.92g/cm³，该体积密度略小于水，符合上述悬浮性实验的性能表现。

5.2.2 暂堵剂抗压性能测试实验

水力压裂过程中的注水压力较大，暂堵剂需要有一定的抗压能力，可以在多次升压及压降之后保证一定的颗粒完整性，因此对其进行抗压性能测试很有必要。为此，采用真三轴压裂设备，如图 5-6 所示，对暂堵剂进行抗压性能测试。

真三轴压裂设备真三维应力下煤岩水力润湿范围动态监测实验系统的机架包括底座、端盖及导轨。端盖紧贴在真三轴压力室的外沿，将装置与外界隔离。机架前、后分别有承载压力室组件的平行导轨，可提供前、后油缸的安装与拆卸。每个油缸内分别设置带有位移传感器的活塞，传感器、油缸分别连接数据采集与控制系统、液压伺服系统。应力加载系统由三轴应力加载系统和流体加载系统组成。三轴应力加载系统包括真三轴压力室和液压油缸。真三轴压力室是试样进行渗流、润湿和变形破坏过程的场所，可为试样提供密封、不同载荷、不同流体应力、不同温度的环境。

实验过程中，通过对 y 轴施加压力来模拟水力压裂提供的压力，将筛选完成的固定

第 5 章 低密度新型水溶常温暂堵剂及堵漏性能

目数的暂堵剂放入破碎室并施加单轴应力挤压，统计压力施加之后暂堵剂的破碎率，以此来完成抗压性能测试结果。

具体步骤如下，首先为避免含水量过大使暂堵剂在高压条件下只发生变形而不出现破碎，将其放入干燥箱干燥至恒重，参照其体积密度参数选取固定质量的暂堵剂颗粒样品测试暂堵剂样品放入破碎室，记作质量 m_y，计算公式如下所示：

$$m_y = 24.7\rho$$

其中，m_y 为样品质量，g。

在操作过程中，需要平缓地对破碎室的活塞加压，避免瞬时高压引起某一点压力过载，影响结果准确性，加载时间为 1min，并在达到额定压力之后保持 2min，使暂堵剂充分地受到压力载荷。

对压力进行卸载时同样需要平缓，卸载压力后将破碎室内暂堵剂颗粒取出，倒入筛选出该组颗粒的组筛当中，仔细地测量出盘中破碎材料的质量 m_p，并记录，精度为 0.1g，利用下式计算其破碎率 m'_p 并在相同的压力下进行三次实验，取平均值作为最终结果。

$$m'_p = \frac{m_p}{m_y} \times 100\%$$

其中，m'_p 为暂堵剂破碎率，以百分数表示；m_p 为实验中由于压力而导致破碎的暂堵剂质量，g；m_y 为暂堵剂质量，g。

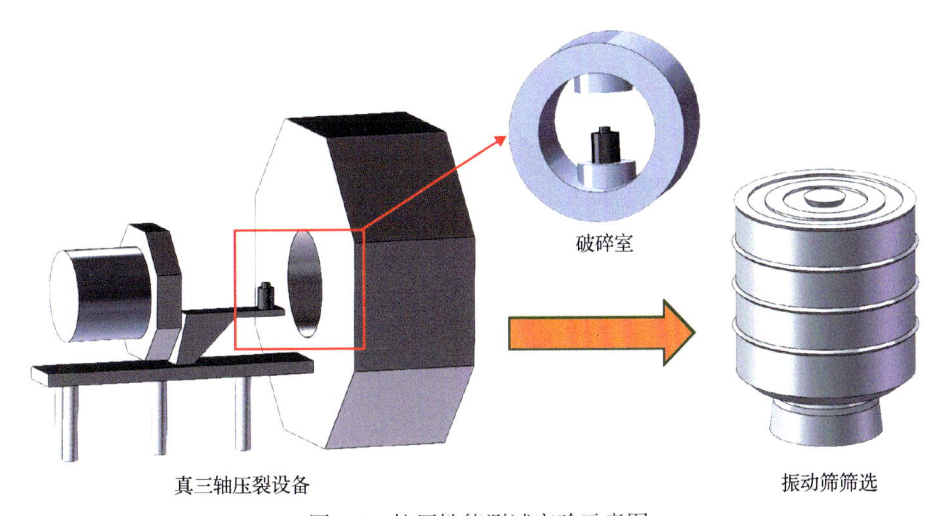

图 5-6 抗压性能测试实验示意图

实验结果如图 5-7 所示。可以看出，较低的压力基本不会对暂堵剂稳定性产生较大的影响。当压力为 20MPa 时，破碎率仍保持在 6%以下，直到压力达到 10～25MPa，暂堵剂整体稳定性发生第一次较大的波动，但整体破碎率也只达到了 10.64%。由于煤层本身抗压性能不佳，此时的压力已经可以满足绝大多数水力压裂作业，甚至绝大多数矿井水力压裂极限压力无法达到20MPa，为了保证暂堵剂适用于井下各种特殊情况，对30MPa压力条件下的破碎率进行测量。由测量结果可知，在30MPa条件下，破碎率达到28.56%，此时暂堵剂仍然可以较好地满足水力压裂施工要求，破碎的部分颗粒，反而可以成为更小的粒子，对暂堵剂封堵过程中由于自身体积无法进入的裂隙进行封堵。可以判断出，该暂堵剂在高压条件下仍然可以完成任务，并且其效果显著。

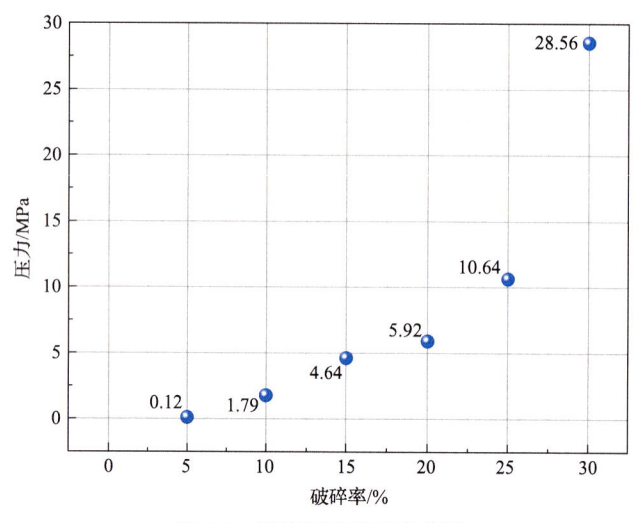

图 5-7 暂堵剂破碎率变化图

5.2.3 暂堵剂溶解性能测试实验

实验过程中，首先设立清水对照组，用于比较在未添加任何化学物质的情况下暂堵剂的溶解效果。实验组选取高家堡地下水作为实验用水，以确保所有其他处理条件保持一致。分别使用不同浓度的盐酸和NaOH溶液改变酸碱环境，进行10组不同酸碱度溶解实验。这些溶液的浓度是根据先前的研究确定下来的，确保每个实验组都能得到与预期相符合的溶解效果。

具体实验操作步骤如下：首先，使用盐酸和NaOH溶液设立不同酸碱条件下的溶解实验，浓度分别为1%、2%、3%、4%、5%，并将其均匀地分配到各自的实验容器中。然后，将待测试的暂堵剂样品逐批次地加入不同的实验组溶液中，并仔细记录每一批次样品加入后溶液的外观、溶解时间以及溶解程度等相关数据。最后，通过观察和对比每组实验的溶解情况，了解暂堵剂是否已经完全溶解、溶解的时间以及在各个测试条件下溶解程度的变化等重要参数。

实验过程如下：配制不同浓度的NaOH溶液与盐酸溶液，设定相同的溶解时间，通过测定溶解前后的质量变化，判断其溶解率。

图5-8为不同浓度条件下溶解速率实验，NaOH溶液在干燥过程中会发生NaOH固体的析出现象，因此在干燥过程中需要不断对溶液进行洗涤，将NaOH溶液洗涤至极低的浓度之后再进行干燥以此获得其溶解率，如表5-2和表5-3所示。

(a) 酸性条件下的暂堵剂溶解速率测试

(b) 碱性条件下的暂堵剂溶剂热速率测试

图 5-8　暂堵剂溶解性能测试

表 5-2　不同酸性条件下暂堵剂溶解情况

溶液	水	1%HCl	2%HCl	3%HCl	4%HCl	5%HCl
溶解率/%	17	19	32	41	47	45

表 5-3　不同碱性条件下暂堵剂溶解情况

溶液	1%NaOH	2%NaOH	3%NaOH	4%NaOH	5%NaOH
溶解率/%	21	19	8	2	2

由表可知，在酸性条件下，暂堵剂溶解率高于水与碱性环境，并且溶解率和酸性浓度呈正相关关系，即酸性越强，该暂堵剂溶解率越高；但是在碱性条件下会出现异常情况，弱碱条件有利于暂堵剂溶解，强碱条件下该暂堵剂溶解率反而小于在水中的溶解率，即强碱性条件下暂堵剂不会发生溶解，这是由于该材料生成即在碱性条件下完成，较强碱性条件反而会使聚合的基团更为牢靠，不易被水侵蚀。

5.2.4　暂堵剂颗粒的红外光谱分析实验

物质分子中的基团一直处于振动和转动的状态之中，当一束红外光照射经溴化钾压片的试样时，如果试样中物质结构中的某个基团的振动频率与某波长的红外光频率一致，那么该分子就会吸收红外光的能量，而由基态跃迁到激发状态，同时形成红外光谱，通过得到的红外图谱与标准图谱比对，就可以得知物质有哪些基团。红外分析法非常简便快速且样品用量少，所以应用范围非常广泛。

在材料水溶过程中，为了探究其微观变化，通过傅里叶红外光谱实验对其微观基团进行分析。红外光谱实验使用的是样品与溴化钾混合，然后压片，制好的试样在 Nicolet Is50 FT-IR 型傅里叶变换红外光谱仪上进行测试，此时使用傅里叶红外光谱分析可以研究丙烯酸、丙烯酰胺和交联产物中的不同基团,以证明交联反应的发生。其主要关注点如下。

①丙烯酸的羧基:在丙烯酸中,主要关注羧基(—COOH)的谱峰,通常在 1740～1710cm^{-1} 的区域可见。该峰的强度和形状可以提供关于丙烯酸单体存在的证据。②丙烯酰胺的酰胺基:对于丙烯酰胺,应关注酰胺基(—CO—NH)的拉伸振动,通常在 1650～1600cm^{-1} 的区域可见。这个峰的出现也可以证明丙烯酰胺单体的存在。③交联产物的特征:在交联产物中,可以关注新的化学键形成引起的谱峰,交联反应成功后可以观察到酯键(C=O)和胺基(—NH—)的谱峰变化,这是判断交联反应成功的重要指标;交联产物可能还会显示出新的谱峰,如 C—O—C 的谱峰,这些新的吸收峰将证明交联反应的发生,通过振动波能量峰值,对结果进行一个评估。此外,还可以对溶解前后的波峰状况进行分析评估,以此为基准判定在溶解前后微观物质发生的变化,从化学成分的角度对结果进行分析。

具体分析结果如图 5-9 所示。可以观察得知,在丙烯酸和丙烯酰胺的交联反应中,使用过乙烯醇和硫酸氢钠进行碱性条件下的交联。在这种情况下 3797.213cm^{-1} 处的振动可能与交联反应中产生的羟基(—OH)键相关,聚乙烯醇中含有羟基官能团,而丙烯酸和丙烯酰胺分子中也存在与过乙烯醇中的羟基发生反应的官能团,因此观察到 3797.213cm^{-1} 处的振动可能反映了交联反应中形成的羟基键。而 2085.189cm^{-1} 处的振动可能与碳-硫双键(C=S)或硫氰酸酯(thiocyanate)官能团相关,亚硫酸氢钠(NaHSO$_3$)和聚乙烯醇中都含有硫元素,当这些化合物参与丙烯酸和丙烯酰胺的交联反应时,可能会形成碳-硫双键或硫氰酸酯官能团,因此观察到 2085.189cm^{-1} 处的振动可能反映了交联反应中产生的这些特定化学键。1846.055cm^{-1} 处的振动可能与硫酸氢钠中的硫氧键(—SOH)相关,这些振动与丙烯酸和丙烯酰胺中的官能团相互作用,从而在交联反应中形成新的化学键与构型,因此,1846.055cm^{-1} 处的振动可以提供关于交联反应进行的信息,可以以此判断交联反应的进行。1739.023cm^{-1} 为丙烯酸羧基(—COOH)的谱峰。1538.459cm^{-1} 处的振动

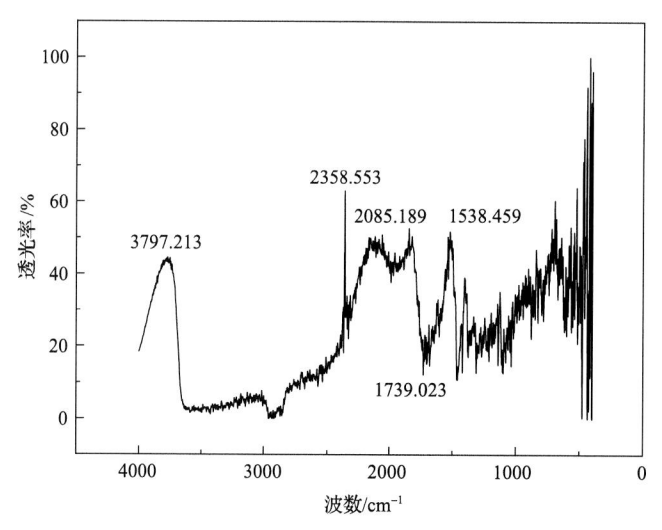

图 5-9 新型低密度水溶暂堵剂红外谱图

在傅里叶红外光谱分析中与丙烯酸和丙烯酰胺的交联反应中形成的特定化学键相关,在丙烯酸和丙烯酰胺交联反应的碱性条件下,1538.459cm^{-1}处的振动与羧酸盐离子(COO$^-$)的对称伸缩振动及酰胺的 N—H 弯曲振动相关;丙烯酸在碱性条件下形成羧酸盐离子(COO$^-$)。1538.459cm^{-1}处的振动是羧酸盐离子的对称伸缩振动,而酰胺的 N—H 弯曲振动是因为丙烯酰胺中含有酰胺官能团,其 N—H 的弯曲振动也在这一波数范围内出现。从以上各数据可以判断出交联反应能否顺利进行。

5.3 暂堵剂封堵性能测试

5.3.1 主要实验设备

暂堵剂封堵性能测试实验所采用设备为课题组根据实验目的和要求,在多尺度扫描加载渗流系统的基础上,自主地改装为裂隙封堵实验专用设备,可以通过改变不同裂隙开度以及暂堵剂目数、密度等变量探究渗流过程中暂堵剂对裂隙的封堵情况。装置主要由控制台、渗流控制系统,以及轴压、围压控制系统几个部分组成,各个系统组成部分如下。

图 5-10 为多尺度扫描加载渗流系统,左侧为该系统装置的加压渗流部分,通过内置的气瓶以及加压阀,可以为轴向以及试件周边提供一定程度的压力,渗流压力也由其提供。内置一个轴压泵、一个围压泵以及两个渗流泵,在使用前需要将各泵内置水箱充满。右侧设备为渗流夹持器,将煤柱放入其中,并配合前后垫块将煤柱放置于乳白胶套对应位置,以确保围压可以将煤柱周边夹紧,避免水流从煤柱外围渗流向煤柱的另一端;施加轴压可以使垫块与煤柱之间不会出现空隙,此时需要保证渗流压力小于轴压,一旦施加的渗流压力大于围压,煤柱外围与胶套之间会出现水的渗流,从而影响渗流量以及流速结果的准确性。控制台为可视化操作平台,可以设定渗流压力、围压以及轴压的具体数值,所测数据可生成曲线数据图以及数据文件,方便后续处理。

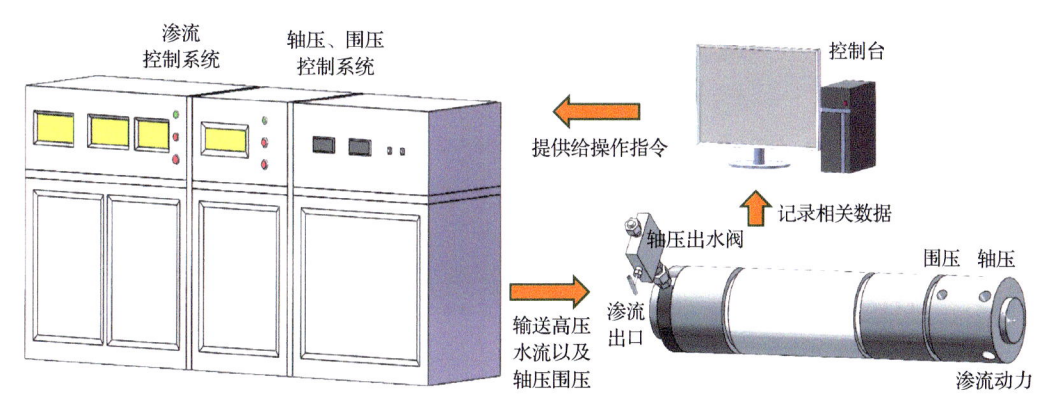

图 5-10 多尺度扫描加载渗流系统

5.3.2 煤样采集及基本数据

煤样取自新疆乌东煤矿+443 水平 B$_{3-6}$ 煤层工作面西区副斜井,距副斜井中心线 156~

2027m，东部为+443水平边界煤柱，西部为工业广场保护煤柱，南部 50m 为 B_2 煤层，北部为 B6 煤层顶板。工作面上部为+469 水平 B_{3-6} 煤层工作面采空区，沿顺槽走向 419.7～823.1m 范围存在安宁渠煤矿小窑采空区，与工作面相对应的地表为荒山丘陵，已与+469 水平以上的采空区连通，形成条状塌陷坑。+443 水平 B_{3-6} 煤层工作面走向长度 1785m，倾向长度 53.6m，煤层倾角 83°～87°，工作面标高+443m，地表标高+765～+815m。从乌东煤矿收集了新鲜的煤样并对其封闭存储，煤岩工业性分析结果如表 5-4 所示。通过钻心机钻取 25mm×50mm 的煤柱，对半劈开后，通过在横截面粘贴不同层数的铝箔胶带，控制该煤柱的裂隙开度，通过比对不同条件下出口压力变化以及渗流量的变化来判断暂堵剂在渗流作业中的实际效果。

表 5-4 煤岩工业性分析参数表

$R_{o,max}$ /%	工业分析(质量分数)/%			煤岩显微组分(质量分数)/%(去矿物质)			真密度/(g/cm³)	视密度/(g/cm³)	孔隙率 φ /%
	M_{ad}	A_d	V_{daf}	镜质组	惰质组	稳定组			
0.59	4.14	7.19	40.13	71.00	14.70	13.00	1.40	1.30	5.60

注：$R_{o,max}$ 表示最大镜质组反射率；M_{ad} 表示水分；A_d 表示灰分；V_{daf} 表示挥发分。

5.3.3 煤样的制备

多尺度扫描加载渗流系统在使用时需采用 25mm×50mm 的制式煤样。为了模拟煤层当中存在的原生裂隙，将其从中间劈开，通过在煤柱切面上粘贴不同层数的铝箔胶带模拟不同裂隙开度，具体制作方法如下：选择大小形状合适的原煤，确保其没有变质，打磨平整、清理干净后放在一旁准备处理；使用取心机配套的 25mm×50mm 刀头进行钻取，在钻取过程中需要保证全程有水流冲刷，避免温度过高造成煤炭自燃。煤柱取出之后使用 200 目砂纸打磨，打磨结束后将待劈裂的煤柱放置在机器的工作平台上，并确保其稳固固定；接着，根据煤柱的尺寸和劈裂要求，调整劈裂机的参数，如刀片间距和施加的压力等；启动劈裂机后劈裂机会自动对煤柱施加压力，并通过刀片进行切割，从煤柱的竖直中间开始向两侧劈裂，最终将其准确地劈裂成两半；在工作过程中需要时刻监控劈裂过程的运行状态，确保操作顺利进行。完成劈裂操作后，停止劈裂机的运行，并使用工具将劈裂得到的两个煤柱样品取出后继续处理(图 5-11)。

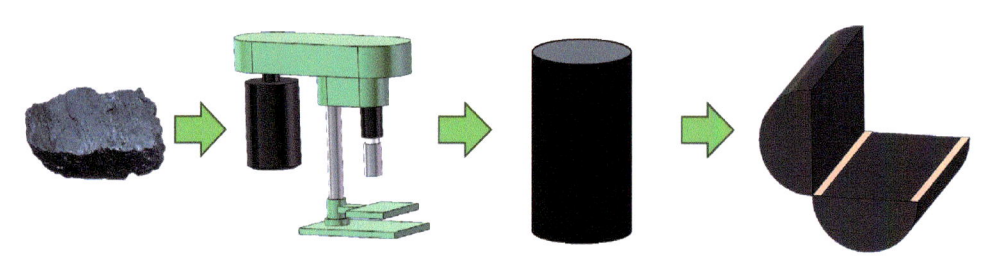

图 5-11 不同裂隙开度煤柱制作流程

本实验通过在横切面上贴不同层数的铝箔胶带来制作不同裂隙开度的煤柱，具体方法如下：将煤柱平放在桌上，使用铝箔胶带贴合在煤柱两边，贴合后使用热风枪加速胶带的固定，之后将煤柱贴合，在两个煤柱中间形成一个胶带厚度的裂隙。为了方便实验的进行，在面对水流方向 2mm 处开 30°斜角，避免暂堵剂进入裂隙之前在裂隙外出现积聚，之后将煤柱放入真空干燥箱干燥 9h，避免煤柱本身含有的水分不同影响渗流量出现偏差。

5.3.4 实验步骤

多尺度扫描加载渗流系统输水管道极细，导致在暂堵剂封堵性能测试当中无法直接使用加入了暂堵剂的混合溶液对其进行测试，故对设备使用方法进行改进，将煤柱前端的垫片更换为一节金属钢管，该钢管在仍然起到垫片作用的同时，将暂堵剂放入其中，在之后的加压注水过程中，暂堵剂随着恒压水流缓慢推入裂隙，模拟在水力压裂过程中，该暂堵剂颗粒在压裂管柱内部随着高压水流运移至裂隙处并对裂隙封堵的过程，具体操作方式如下。

渗流平台与加压系统之间通过几根细钢管进行连接，在连接之前需要将实验物品放入实验容器内，必须确保煤柱与围压胶管对应，因此在煤柱的前后施加垫片。本实验中，在煤柱后使用一片钢管代替垫片，具体试件如图 5-12 所示。放入该设备后，依次拧紧两边的螺栓，之后对围压、轴压以及渗流压力管道进行连接，连接后使用操作台控制 4 个泵柱抽水，达到存储极限之后进行下一步操作。首先进行的是围压的加载，开启后，液体会进入设备中的胶管处，该处在高压条件下会膨胀变大，通过形状的变化对内部的煤柱施加压力，水流进入后该胶管内的空气被率先排出。当有液体在侧边出水口流出后，拧紧阀门，此时胶管成为一个内部充满液体的密闭空间。在拧紧后随着水流的继续进入，内部压力不断升高至设定压力。煤柱在高围压条件下会被压断，因此设定该组实验围压为 4MPa，轴压为 3MPa；渗流压力不能高于围压，否则较高的渗流压力会使水流从煤与胶管之间流失。

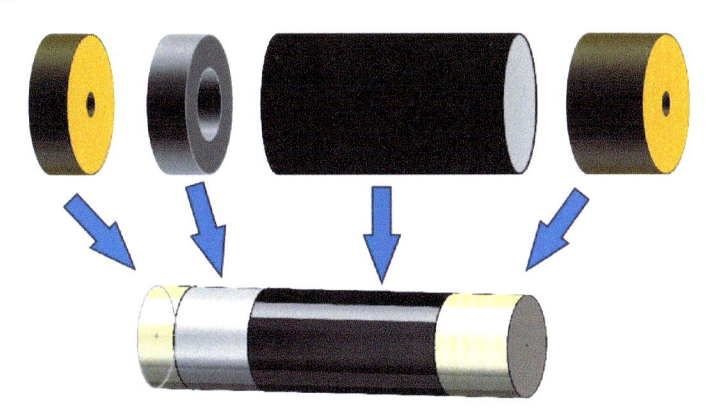

图 5-12 渗流设备试件组装示意图

5.3.5 结果分析

通过分析暂堵剂添加之后出口压力、渗流量以及流速的变化，来推断暂堵剂在渗流过程中对裂隙的封堵效果，并结合暂堵剂在人造裂隙内部的分布情况，共同佐证暂堵剂的封堵效果。

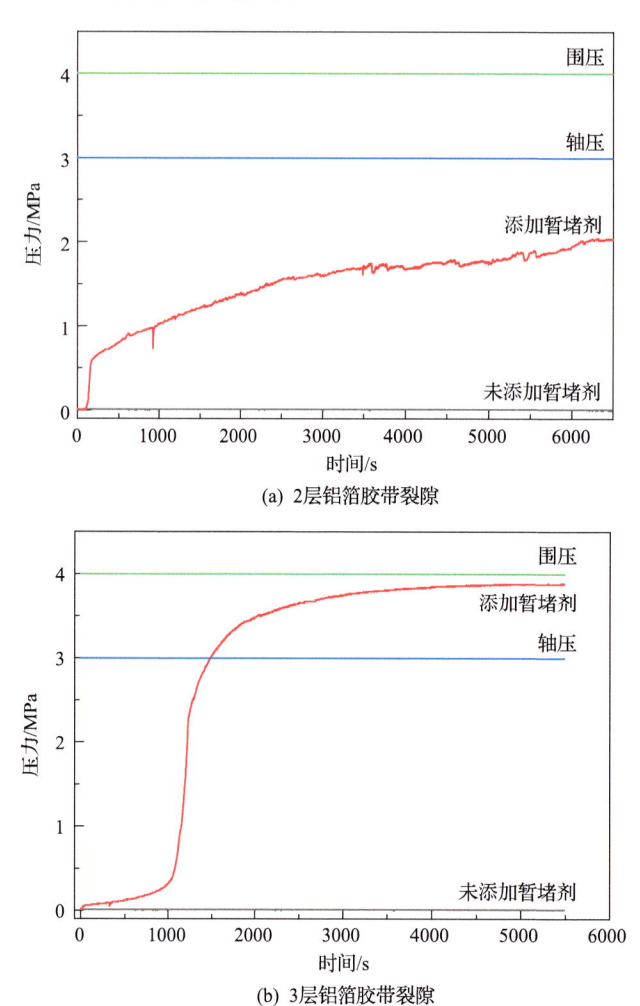

图 5-13 为不同裂隙开度下的封堵压力曲线，在相同的围压、轴压条件下，添加暂堵剂的组别压力明显上升，未添加暂堵剂的实验组别当中压力无明显变化，这是由于绝大多数的水通过煤柱之间的人造裂隙滤失，压力一直维持在 0MPa，无憋压现象，此时的试件可比作原生裂隙较多的煤层。在水力压裂过程中高压水流随着裂隙滤失，无法形成高压密闭空间，无法对煤层实施有效压裂。添加暂堵剂后，裂隙当中生成暂堵层，形成密闭空间之后压力逐渐增大，对煤层实施二次压裂。通过对比观察发现，当暂堵剂颗粒直径小于等于裂隙直径时其封堵效果优于大于裂隙直径时的封堵效果；在封堵 3 层与 4 层铝箔胶带形成的裂隙时，其封堵压力明显优于 2 层铝箔胶带。这是由于当裂隙较小时，暂堵剂进入裂隙困难，造成暂堵剂排列不紧密，暂堵剂之间的空隙转而成为更加细小的裂隙，虽然起到一定的封堵作用，但效果相对较差，并且封堵不是很稳定，压力曲线也在不断波动，但随着工作的进行暂堵剂不断地积聚，最终也会形成密闭的憋压空间，迫使裂隙拓展发生转向，使裂隙网格复杂化。

(a) 2层铝箔胶带裂隙

(b) 3层铝箔胶带裂隙

(c) 4层铝箔胶带裂隙

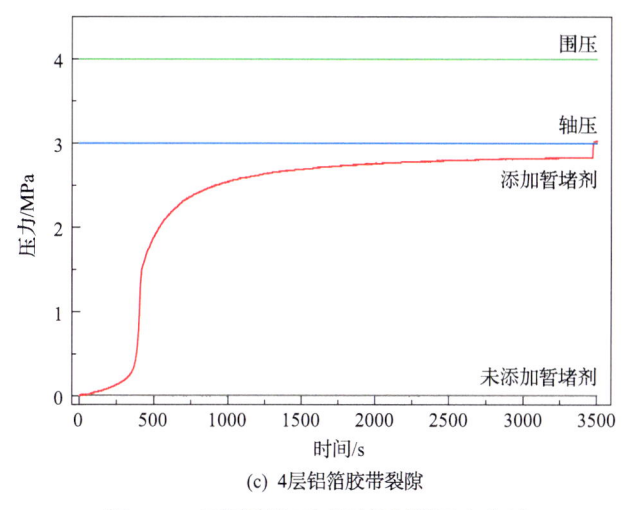

图 5-13 不同裂隙开度下的封堵压力曲线

滤失严重一直是影响水压裂效果的重要因素，使用暂堵剂封堵裂隙，减小从裂隙当中滤失的流量，从而形成憋压空间。图 5-14 为不同裂隙开度下的累计流量数据图，在相同流速的条件下，添加暂堵剂的实验组别渗流量明显减少。2 层铝箔胶带滤失现象依然严重，结合封堵压力数据分析可知，2 层铝箔胶带压力曲线波动明显，表明该组实验是一组动态平衡的过程，不断有新的裂隙生成又被封堵，因此该组实验渗流量较大。对比观察可知，裂隙越大，同一时间的累计流量反而减少，结合封堵压力进行分析，这是由于裂隙较大的组件在封堵过程中暂堵剂更容易进入裂隙，封堵速度更快，因此整个渗流过程中满流速渗流的时间较短，导致累计流量有一定的差距。但是观测其累计流量曲线斜率表明，两者在封堵完成后流速相近。与压力曲线结合分析，累计流量与封堵发生时间有直接关系，封堵所需时间越长累计流量越大，这是由于封堵发生之前渗流量等于流速。累计流量曲线与压力曲线成负相关关系，即压力增大时渗流量逐渐减小，以斜率的形式反映。

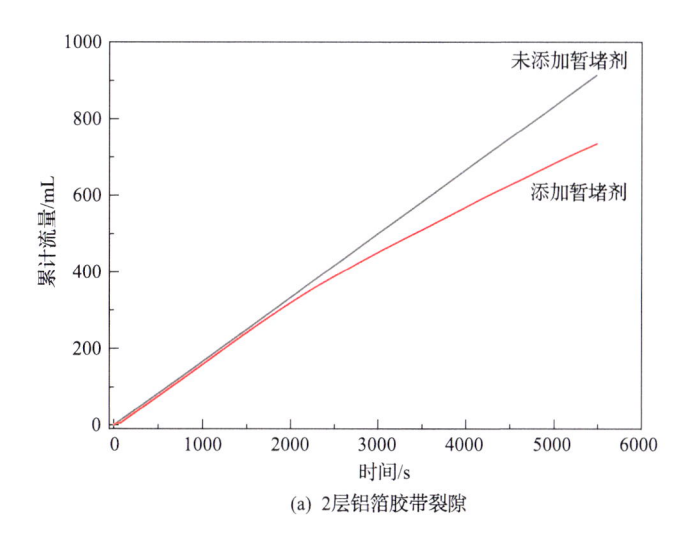

(a) 2层铝箔胶带裂隙

(b) 3层铝箔胶带裂隙

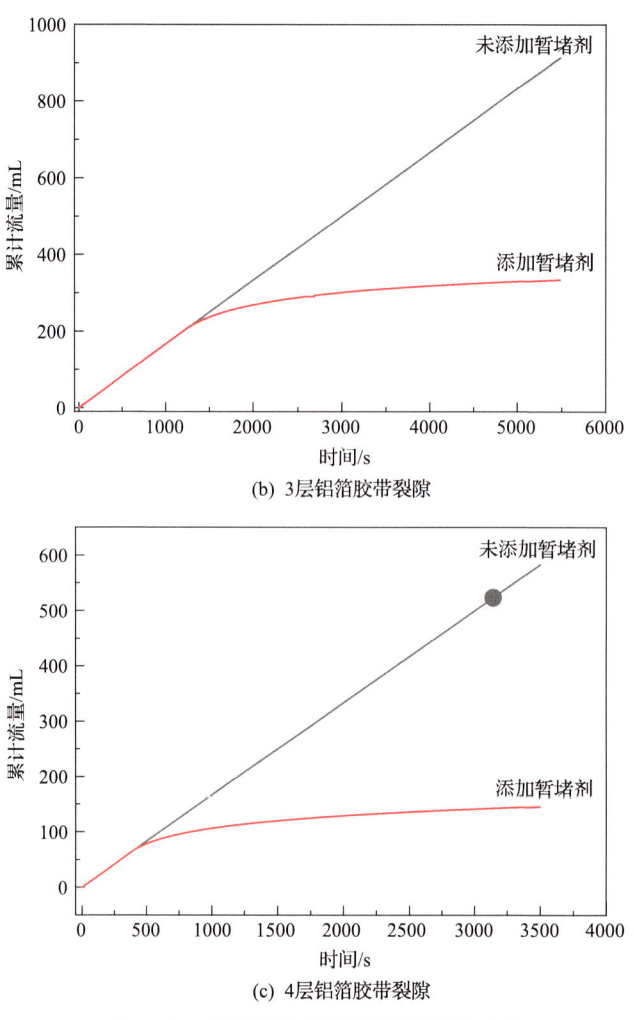

(c) 4层铝箔胶带裂隙

图 5-14 不同裂隙开度下的累计流量曲线

出水口流速也是判定封堵效果的重要因素，当注水流速明显高于出水口流速时，其内部的流速差会形成高压空间，但压力达到煤体的破裂极限时，仍然可以达到注水压裂的效果。图 5-15 为不同裂隙开度下的实时流速曲线。由于本实验采用恒流模式注水，各组实验流速均为 10mL/min。在之后的实验过程中，未添加暂堵剂实验组别，其出口流速均为 10mL/min，未发生变化。添加暂堵剂的组别，由于暂堵剂的封堵，裂隙滤失现象被抑制，因此出口处流速不断减小，与压力大小呈负相关状态，也可以反映出在水力压裂过程中，暂堵剂通过封堵裂隙，减小裂隙的滤失现象，起到提高水力压裂工作效率的作用。

实验结束后，打开人造裂隙，观测暂堵剂在裂隙当中的赋存情况，具体如图 5-16 所示，在 2 层铝箔胶带裂隙封堵实验组别当中，暂堵剂在裂隙中存在较为紧密，打开后暂堵剂仍然堆积在一起，这是由于裂隙较小，暂堵剂进入裂隙较为困难，进入裂隙的暂堵剂在后续水流带来的暂堵剂的冲击下不断压紧；3 层铝箔胶带裂隙中可以明显地看出

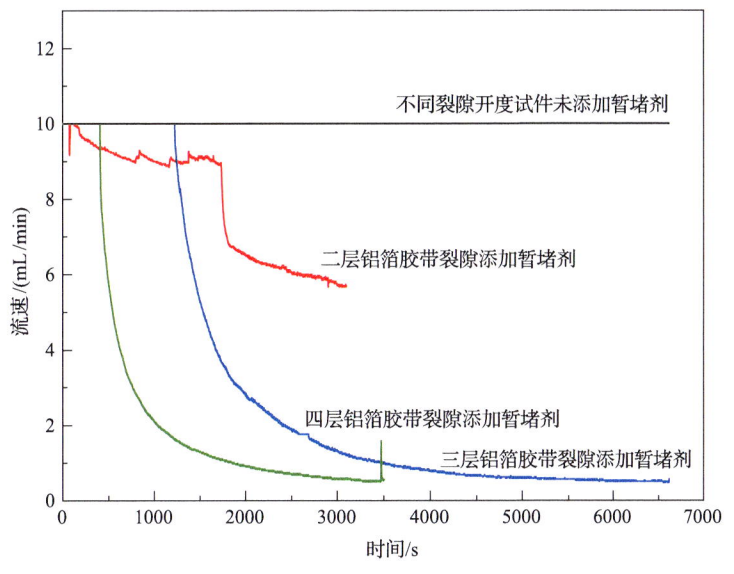

图 5-15 不同裂隙开度下的实时流速曲线

(a) 2层铝箔胶带裂隙　　(b) 3层铝箔胶带裂隙　　(c) 4层铝箔胶带裂隙

图 5-16 人造裂隙内暂堵剂封堵实况图

暂堵剂存量较大，封堵严密，其封堵压力与流量流速均为最佳状况；4 层铝箔胶带裂隙试件可以明显看出暂堵剂侵入范围较为突出，这是由于裂隙较大，暂堵剂在裂隙当中仍然不断地运移，本身黏着固定的暂堵剂仍会在后续水流以及暂堵剂的冲击下发生位移，直至裂隙内部形成一道稳定的暂堵层，未完全发育的暂堵层在破坏后会在短时间内再次形成一层更为坚实的暂堵层，因此该组实验的流速与累计流量略高于三层铝箔胶带裂隙，在封堵完成后，其封堵质量仍然较为优异，符合水力压裂作业需求。但是也侧面佐证，暂堵剂封堵与自身粒径相近或稍大一些的裂隙时的效果优于封堵小于自身粒径裂隙时的效果。

综上所述，暂堵剂在水力压裂作业过程中使用，可以通过形成密闭憋压空间、减小滤失量来提高水力压裂工作效率。也可以封堵水力压裂作业过程中产生的新裂隙，二次憋压，迫使裂隙网格更加复杂，对顶煤开采、瓦斯治理等作业均有正向影响。

第6章 纳米减阻流体制备及对煤层注水渗流的影响

随着纳米技术的不断发展，制备纳米流体以提高煤层注水效率非常具有应用前景[1-5]。纳米颗粒是指有一维处在纳米尺度且与传统的固体表现出不同性质的新型材料，通常粒径比较小，比表面积大，生物相容性高[6-10]。纳米流体指的是纳米颗粒稳定地分散在溶剂介质中形成的悬浮液，由于纳米颗粒的引入，流体呈现出新的特质，如低表面张力、高热导率、高吸附潜力等[11,12]。因此，纳米流体减阻增注技术应运而生，该技术是根据目的将功能性纳米颗粒通过纳米流体输运到石油储层通道中，使功能性纳米颗粒发挥作用。目前，该技术已在改变微通道壁面润湿性、降低注水压力和提高注水效率方面有很好的应用效果[13-17]。

本章将借鉴油藏三次采油领域中的纳米减阻增注技术，对油藏储层和煤储层的差异性及相似性进行研究，制备包含表面改性纳米二氧化硅颗粒的纳米流体，开展室内煤层注水渗流实验，研究纳米流体对煤体注水渗流的影响规律，以期提高煤层注水效果。

6.1 纳米减阻流体材料制备及理化特性测试

6.1.1 纳米颗粒改性

纳米颗粒能量不稳定，根据熵减原理会有相互靠近形成团聚体来降低表面能的趋势，这就导致纳米颗粒构成的纳米流体处于热力学不稳定的状态，容易出现团聚现象，如图6-1所示。因此，需要对纳米SiO_2颗粒进行改性，获得颗粒稳定分散、不发生团聚的纳米流体。

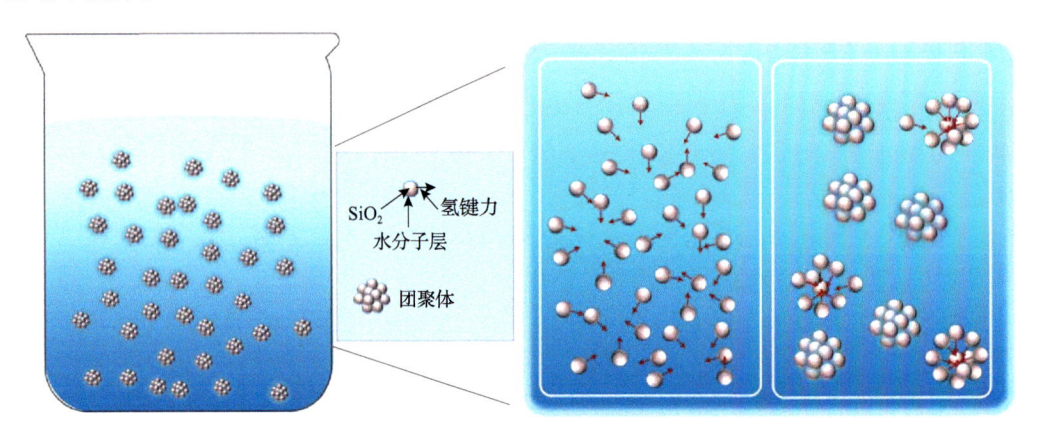

图6-1 纳米粒子团聚体形成过程示意图

本章采用二氯二甲基硅烷对纳米SiO_2进行改性，这是因为二氯二甲基硅烷表面氯原子具有较高活性，从而消除纳米SiO_2上的孤立羟基，且发生化学反应产生的氯化氢气体在一定温度下能够逸散出去，避免了引入杂质粒子，如图 6-2 所示。

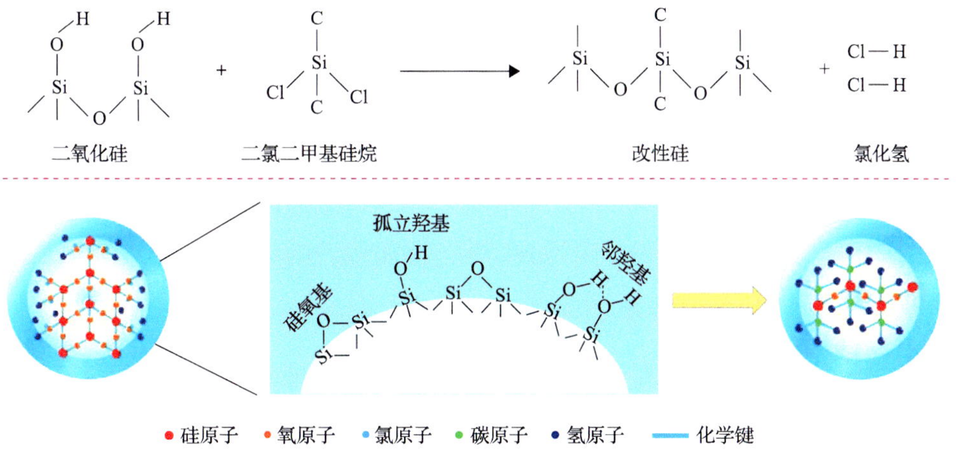

图 6-2 纳米 SiO₂ 的改性原理图

改性时先称取一定量的纳米 SiO₂ 颗粒于三口烧瓶中，以无水乙醇为溶剂，配制成质量分数为 4.8%的乳液。然后以二氯二甲基硅烷为改性剂、去离子水为改性助剂。预处理温度 120℃，预处理时间 50min，回流温度 130℃，回流时间 50min，具体实验方法如下。

(1) 称取 5g 纳米 SiO₂ 颗粒，放入三口烧瓶中，缓慢搅拌，加热至 120℃。

(2) 在 120℃的恒温条件下搅拌 50min 使其完全干燥后，加入事先准备的无水乙醇，静置十分钟缓慢搅拌数下，配制成质量分数为 4.8%的纳米颗粒悬浮液。

(3) 继续搅拌 10min 后，分别加入 15%的改性剂二氯二甲基硅烷和改性助剂 4%去离子水。

(4) 升温至 130℃，回流 50min 后结束反应，得到高浓度的纳米分散液。

(5) 用无水乙醇离心洗涤 2 次或 3 次，在 100℃下恒温烘干、研磨，置于真空干燥器中密封保存。

6.1.2 改性纳米颗粒基础性能表征

1. 沉降体积测定

分别配制同等质量的改性前的和改性后的纳米 SiO₂ 颗粒乙醇溶液，将搅拌器的转速设置为 300r/min，搅拌时间设置为 10min。然后将搅拌好的溶液存放在两只相同洁净干燥且有读数刻度的 50mL 磨口量筒中，在室温下静置，观察记录纳米 SiO₂ 颗粒乙醇溶液不同时刻的沉降体积，根据所得数据来绘制图表。

纳米颗粒改性前后的沉降体积可以反映纳米 SiO₂ 在溶剂中的疏水性。如果纳米颗粒疏水改性成功，颗粒间就不会发生团聚和黏结，粒径会变小，在液相中分散均匀，基本不会发生沉淀或沉降时间长。如图 6-3 所示，改性后的纳米 SiO₂ 颗粒乙醇溶液能够保持较长时间的稳定分散，只出现了非常少量的沉淀。

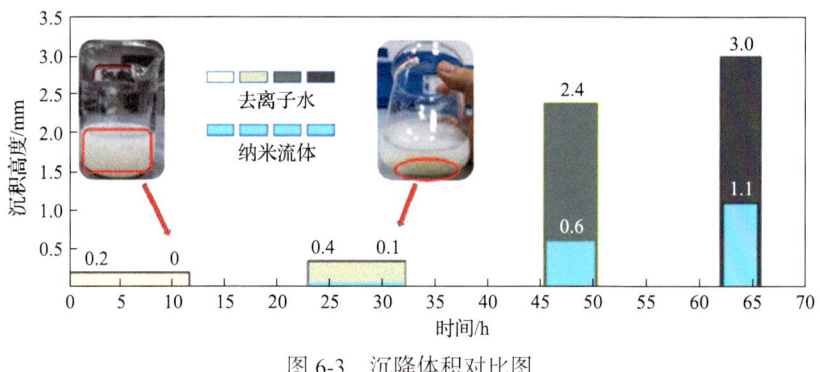

图 6-3 沉降体积对比图

2. 扫描电子显微镜

当纳米 SiO₂ 颗粒表面上羟基数目较多时，即使是固体状态也会有自发团聚的现象，扫描电子显微镜（scanning electron microscope，SEM）下可以直观地看到团聚体的粒径较大。因此，可以将纳米 SiO₂ 改性前后的 SEM 图片放在一起进行对比，观察团聚物的大小和分散情况，以此作为改性成功与否的判断依据。

纳米 SiO₂ 的改性前后 SEM 图像如图 6-4 所示。由图 6-4(a)可以看出，未改性纳米 SiO₂ 颗粒 SEM 图显示出结块现象，说明颗粒间团聚严重。图 6-4(b)显示，虽然改性后的纳米颗粒也存在一定的团聚现象，但与之前相比已经不存在大的结块，且这种团聚为软团聚，可以通过一定的化学手段消除。说明改性后的 SiO₂ 粒子具有良好的分散性，可以满足后续实验要求。

(a) 纳米SiO₂颗粒SEM图　　(b) 改性纳米SiO₂颗粒SEM图

图 6-4 纳米 SiO₂ 改性前后 SEM 图

3. 透射电子显微镜

蘸取少量纳米 SiO₂ 加入准备好的乙醇溶剂中，用超声分散仪分散 30min，将分散均匀的溶液取少量滴于微栅上，烘干，然后将其放入透射电子显微镜（transmission electron microscope，TEM）中观察。未改性的纳米二氧化硅表面能较大，即使经过机械分散，依然会存在团聚现象。对比同一尺度下 TEM 拍摄的改性前后的纳米 SiO₂ 颗粒，可以观察到表面羟基数对纳米 SiO₂ 团聚形态的影响。

如图 6-5(a)所示,纳米颗粒间黏结严重,分散性差,且由于纳米颗粒重叠越多黑色就越深,图中出现多处大块黑色区域,这些现象都说明未改性的纳米 SiO₂ 表面富含硅羟基,颗粒间存在黏附力,分散性较差。图 6-5(b)中颗粒分散性明显更好,且几乎没有重叠的大块黑色区域。对比两幅图可以发现,疏水改性可以减少纳米 SiO₂ 表面羟基,从而显著增强分散性。

(a) 纳米SiO₂颗粒TEM图　　(b) 改性纳米SiO₂颗粒TEM图

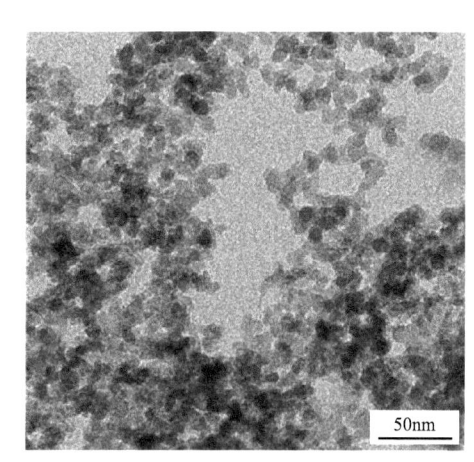

图 6-5　纳米 SiO₂ 改性前后 TEM 图

4. 傅里叶变换红外光谱

在傅里叶变换红外光谱(Fourier translation infared spectroscopy,FTIR)中,分子的振动频率决定了物质吸收峰的位置,而峰值取决于样品含量,不同形式的分子振动会产生不同的红外谱峰,而同一分子基团也会由于化学环境的不同其谱峰的位置左右变动。因此,可以用红外光谱初步鉴定化合物的结构。用纯溴化钾粉末压片后测取基准曲线,然后取少量改性前后样品与溴化钾混合压片,放入傅里叶变换红外光谱仪中测定样品的红外光谱图。改性前后的纳米颗粒红外光谱图如图 6-6 所示。对比改性前后纳米 SiO₂ 的红外光谱图,判断改性剂有机基团是否取代羟基接枝到纳米二氧化硅表面。

从图 6-6 中可以看出,在纳米 SiO₂ 经表面改性的红外谱图中,470cm^{-1} 处的 O—Si—O 键的弯曲伸缩振动峰和 795cm^{-1} 处的 Si—O—Si 对称伸缩振动峰明显增强,这是因为改性后的样品中 Si—O 键的含量增加。1016cm^{-1} 处的 Si—O—Si 反对称伸缩振动峰和 3450cm^{-1} 处的 C—H 对称伸缩振动峰增强,且在 2965cm^{-1} 出现了 C—H 非对称伸缩振动峰。因此,通过红外光谱可以证明纳米 SiO₂ 表面一部分羟基被改性剂的有机基团甲基所取代。

6.1.3　纳米二氧化硅分散液的制备流程

通过改变温度、纳米颗粒质量分数,研究不同的配比,得到表面张力最低的纳米流体。制备纳米 SiO₂ 分散液的具体工艺步骤如下。

(1)分别称取 0.2g 纳米 SiO₂、0.3g 十二烷基硫酸钠(SDS)、0.5g 助表面活性剂(一元

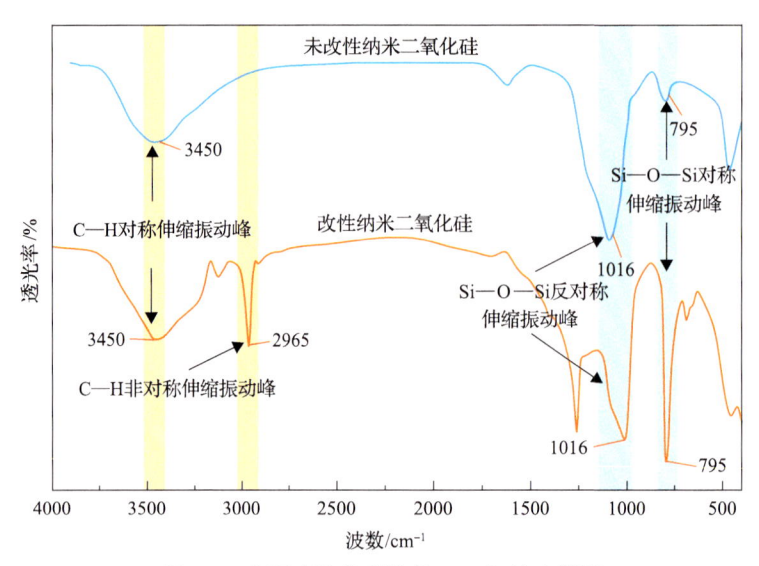

图 6-6　表面改性前后纳米 SiO_2 红外光谱图

醇或者二元醇），加入 250mL 锥形瓶中。

（2）向锥形瓶中加入去离子水至 100g，混合均匀，在 80℃条件下搅拌 2h。

（3）停止加热，即得纳米 SiO_2 分散液，取一定量于透明玻璃瓶中静置，观察纳米二氧化硅分散液稳定情况（底部是否出现沉淀）。

6.1.4　SDS 对表面张力的影响

表面活性剂能够吸附在纳米颗粒表面来降低颗粒表面能，促使水更好地润湿纳米颗粒，使其分散在水中，是一种很好的助分散剂。取 0.18g 二氧化硅颗粒和 0.6g 十八醇配置纳米流体，探究 SDS 对溶液表面张力的影响，结果如图 6-7 所示。从图中可以看出，含纳米颗粒溶液的表面张力整体低于不含纳米颗粒溶液的表面张力；不含纳米颗粒溶液

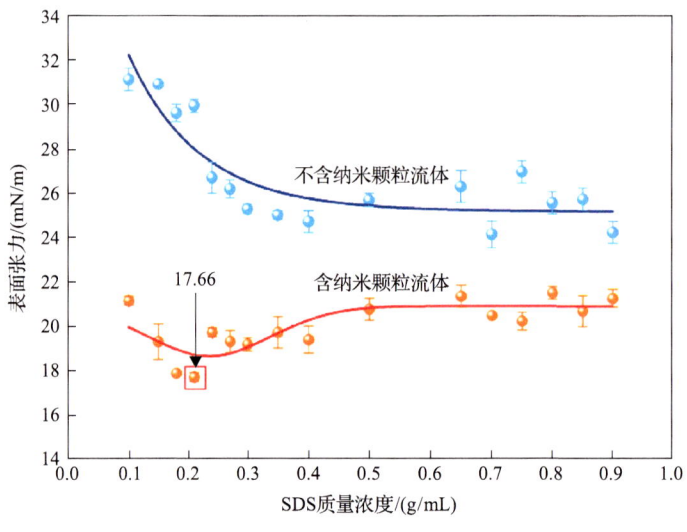

图 6-7　表面活性剂浓度对溶液表面张力影响

表面张力随 SDS 浓度的增加逐渐降低,而后逐渐趋于平稳;含纳米颗粒溶液随 SDS 浓度的增加表面张力迅速下降,而后又逐渐升高,最后达到一个稳定状态。

疏水性纳米 SiO_2 与表面活性剂、十八醇和水形成了类"微乳液"纳米二氧化硅分散液,更好地发挥出了表面活性剂的性能,使表面层水分子的极性差减小,表面层水分子的表面自由能也随之降低,因此含纳米颗粒溶液表面张力更低;不含纳米颗粒溶液表面张力先下降,达到一定值后不再变化。这是因为随着 SDS 浓度增加,溶液表面的吸附量逐渐增大,表面张力下降趋势明显。随着浓度进一步增加,到达临界胶束离子浓度,表面张力便不再下降,达到最低表面张力;含纳米颗粒溶液的表面张力先降低的原因是纳米颗粒较水分子有更高活性,因此表面活性剂进入水中先和纳米颗粒结合,降低了溶液体系能量。随后表面活性剂分子的两亲结构使其在水表富集,表面张力达到最低值 17.66mN/m,"微乳液"达到临界胶束浓度。继续提高表面活性剂浓度,纳米流体表面张力又逐渐上升。可能是由于表面活性剂和纳米颗粒协同作用降低纳米流体表面张力时存在一个临界值,当超过这个值时,体系稳定状态被破坏,降低表面张力的能力逐渐减弱至消失。

6.1.5 十八醇对表面张力的影响

十八醇能改变表面活性剂的表面活性和疏水 SiO_2 的亲疏水平衡,是一种良好的助表面活性剂。为了探讨十八醇对纳米 SiO_2 流体润湿性和分散性的影响,在室温下制备了不同质量浓度十八醇(0.20%~0.90%)、相同质量浓度 SiO_2(0.18%)和相同质量浓度 SDS(0.21%)的纳米 SiO_2 流体。

图 6-8 为十八醇质量浓度对纳米颗粒-表面活性剂纳米流体表面张力和稳定性的影响。通过实验发现,不同浓度的十八醇对表面张力影响不大,主要影响纳米粒子的分散稳定性。待溶液静置 12h 后,可以明显看出,当十八醇浓度过低或过高时,溶液表面存在未分散的纳米颗粒。当十八醇质量浓度为 0.4%和 0.5%时,溶液混合均匀,分散稳定,12h 后未出

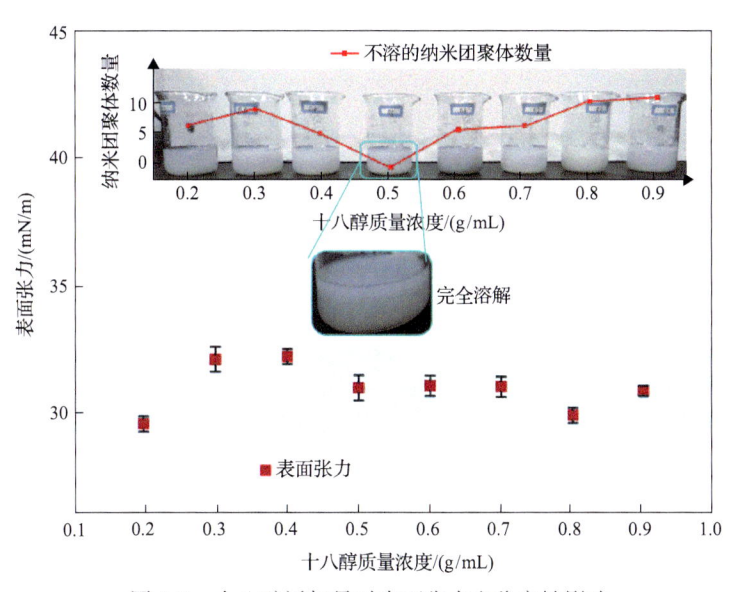

图 6-8 十八醇添加量对表面张力和稳定性影响

现明显沉淀。十八醇本身不溶于水，但与表面活性剂协同形成微乳状液体，可以分散在水中。当十八醇的质量浓度为 0.5%时，表面活性剂的表面活性和疏水纳米 SiO_2 颗粒的平衡能更好地改变，并可调节界面的灵活性，使界面易于弯曲，形成稳定的纳米分散液。

6.1.6 二氧化硅浓度对表面张力的影响

分别取 0.2g SDS、0.3g SDS、0.5g SDS 和 0.5g 十八醇及不同质量的纳米 SiO_2 颗粒配制成纳米颗粒-表面活性剂纳米流体，纳米颗粒质量浓度和溶液表面张力关系如图 6-9 所示。图 6-9 表明，当表面活性剂质量为 0.5g 和 0.3g 时，纳米流体表面张力基本不随 SiO_2 质量增加而变化；当 SDS 为临界胶束质量为 0.2g 时，随着纳米 SiO_2 颗粒质量浓度增加，纳米流体的表面张力逐渐下降至最低值 15.79mN/m。

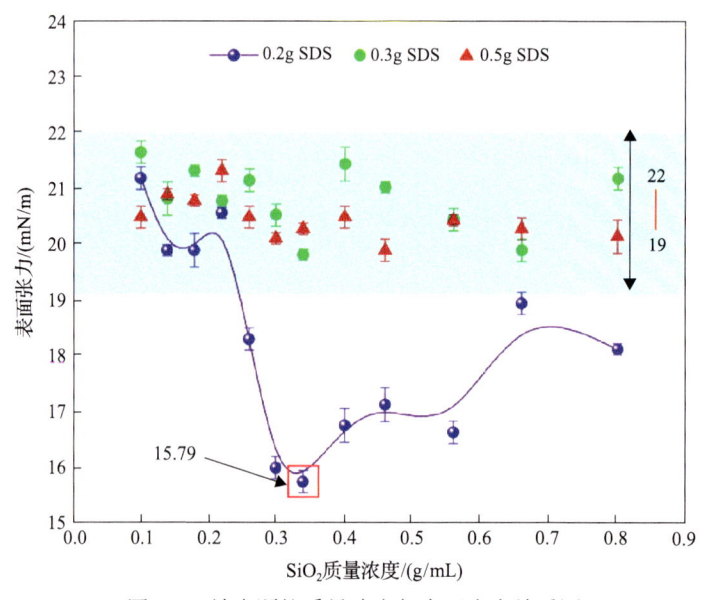

图 6-9 纳米颗粒质量浓度与表面张力关系图

当 SDS 质量为 0.3g 和 0.5g 时，溶液的表面张力全部落在 19～22mN/m 的范围内。原因可能是当表面活性剂大于临界胶束浓度时，表面活性剂分子在水里缔结形成球状、棒状和层状胶束，不能和纳米颗粒结合发生协同作用降低表面张力。另外，当 SDS 质量为 0.2g、纳米 SiO_2 颗粒质量浓度在 0.1%～0.4%的范围内时，溶液表面张力随纳米 SiO_2 颗粒质量浓度增加而降低，随后随着 SiO_2 颗粒质量浓度增加溶液表面张力又逐渐回升至稳定状态。这可能是因为纳米 SiO_2 质量浓度逐渐增加后，纳米流体内部分子对表面分子引力增大，对体系降低表面张力的作用逐渐减弱。

6.1.7 纳米流体润湿性表征

接触角是润湿程度的度量，探究流体接触角变化有利于了解纳米流体在煤中的渗流情况。测试去离子水和最佳浓度的纳米流体分别在 20 目和 120 目煤饼上的接触角，测试结果如图 6-10 所示。

图 6-10 接触角测定图

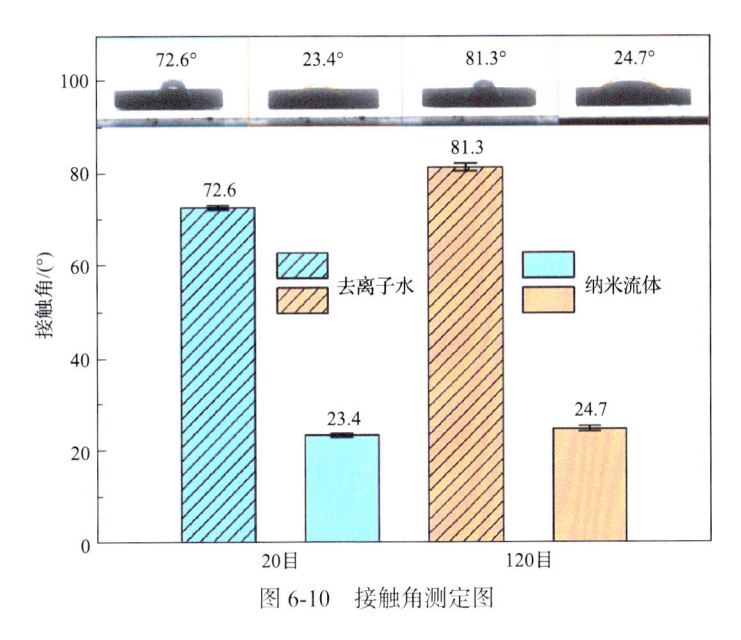

接触角测定结果表明，与去离子水相比，改性纳米 SiO_2 流体在煤样上接触角大大减小，20℃下 20 目和 120 目煤粉制成煤饼中的接触角约为 24°，此时流体表面张力较低，接触角小，能够较好地润湿煤样，达到迅速渗流的效果。此外，还可以看出，煤粉粒也会影响接触角，表现为煤粉粒越小润湿性能越好，但总体变化趋势不变。

6.2 室内煤层注水渗流实验

6.2.1 主要实验设备

本实验所采用设备为课题组根据目的和要求自主研发的煤层注水流固耦合实验装置，可以通过改变实验条件模拟地层真实环境，探究注水过程的影响参数。装置主要由压力室、压力加载系统、气液渗流系统几个部分组成，如图 6-11 所示，各个系统组成部分如下。

(1) 压力室。

压力室能够模拟地层环境，提供实验煤样所需应力，使实验结果更具有可信度，由压力室上腔体、压力室下底座和支架组成，压力室上腔体与下底座间不仅有 12 颗螺栓等间距分布，而且有定制尺寸的密封圈帮助密封，可有效保证密封性。压力室采用高强度 304 钢材制成，上腔体高为 232mm，内径为 100mm。

(2) 压力加载系统。

压力加载系统主要是使煤层注水流固耦合实验装置达到压力平衡状态，模拟真实地层下瓦斯压力对煤层注水效果的影响。压力加载系统通过压力泵向煤样施加轴向压力、通过向压力室入口注入气体或液体向煤样提供围压。

(3) 气液渗流系统。

气液渗流系统包括压力缸、氮气瓶、储水器以及连接管路。仅靠氮气瓶提供的压力不足以完成实验，通过将氮气瓶与压力缸连接，可使压力放大至 50MPa。提前将储水器

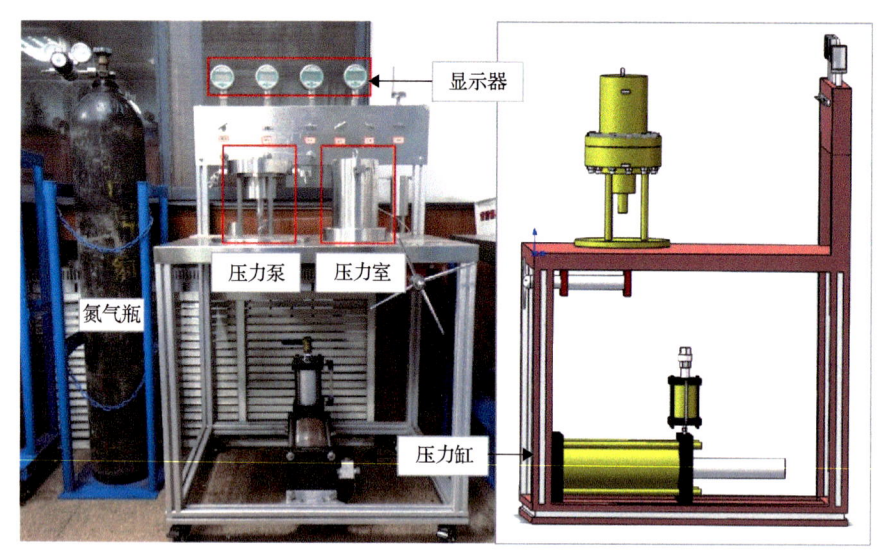

图 6-11 煤层注水流固耦合实验装置

中装满水，储水器中装满压力水后打开阀门可使水流进入压力缸，再关上阀门，打开氮气瓶的阀门，可为实验提供所需的恒定压力。通过设定好实验参数，可以探究不同条件下注水渗流的效果。

本实验设备采用高压氦气检查装置的气密性：在室温条件下，首先打开高压氦气瓶，保持恒定压力向各个部分装置及管路中注入氦气，然后关闭阀门，观察事先放在实验装置管路末端处的肥皂水是否有气泡冒出，逐一检查后观察压力表示数。若在 12h 内装置管路末端处肥皂水无气泡冒出，高压氦气瓶压力表示数无变化，即可说明实验装置气密性良好，可满足实验需求。

煤层注水流固耦合实验装置可以研究不同因素对注水时间的影响，当出水口有液体流出时即可视为实验结束，实验具体操作步骤如下。

(1) 安装好提前制备的煤样试件，打开气阀设置一个较小的围压及轴压，10min 后压力无变化，且出口没有液体流出或气体溢出（出水管放入肥皂水中），说明压力室及试件密封良好，然后按照实验方案继续施加围压和轴压。

(2) 加大气瓶通入回压阀内的气体压力，按照实验方案的压力值调试，使压力室出口处的压力稳定。

(3) 压力加载系统向压力室气孔通气后，停止注气后等待 10min，使试件中的气体分布均匀，达到最大值，多余的气体会回流到回压阀。

(4) 压力加载系统为试件提供恒定的压力，当出水口第一次流出液体或逸出时实验完成，记录第一次出水时间，绘制图表。

6.2.2 煤样试件的制备

目前，在实验室煤层注水影响因素探究实验中常用的煤样型式有原煤与型煤两种。原煤直接从煤芯中钻取，与真实煤层情况一致，有很大的实验研究价值，但是也有其存在的问题,即原始煤块存在大量不同种类的裂隙,具有显著的各向异性特征,这将导致每个煤样都不相同,实验结果不具有可重复性。原煤试件的差异性会导致实验影响因素较多,不利于探究单一因素对注水的影响,此外,原煤试件制作时易破碎,通常成功率小于10%,容易造成资源浪费,故选用型煤试件来代替原煤是非常必要的措施。

型煤在弹性模量、可塑性、延展性等参数上确实与原煤存在差异,但是在煤层注水过程中,型煤表现出的渗流变化规律的趋势与原煤一致,且具有和原煤相似的吸附性。又由于型煤试件的可重复性,许多学者都选择用型煤开展实验。

实验所用原煤选取山西阳泉煤矿中的无烟煤。在煤矿工作人员的带领下,按照矿井规章制度规范取样,选取性质好并且坚硬的大块原煤带回实验室制成型煤,型煤的制作步骤可分为三步:制备煤粉、压制成型、煤样烘干。

第一步,制备煤粉。先在工作面暴露煤壁处采集足量的新鲜煤样,用保鲜膜包裹并装入预先准备好的密封袋保存带回,然后进行煤样破碎,去除煤样表层氧化层,然后用破碎机迅速进行破碎筛选,以防止煤样被氧化,最后对煤粉粒度进行筛选,如图6-12所示。其具体步骤如下。

(a) 开采原煤　(b) 切割原煤　(c) 原煤碎块　(d) 粉碎碎块　(e) 获得煤粉

图 6-12　煤粉制作过程

(1)将现场带回的大块原煤用切割机切成碎块,操作过程注意做好安全防护。

(2)将小块的原煤碎块分批次放入破碎机中,扣上盖子保持破碎机的稳定,启动破碎机电源,破碎机运行,5min 后关闭电源。

(3)将破碎机内的煤粉倒入煤粉筛中,获得煤粉。

第二步,压制成型。压制是制备型煤的关键步骤。本实验的型煤试件不添加任何如活性剂和煤油等其他成分,仅加入少量的水使煤粉颗粒黏结形成型煤。其具体步骤如下。

(1)准备好实验室定制的模具,如图 6-13 所示。将模具桶放到底座上,再按照标记的顺序将侧板放入模具桶中。此步骤一定要确保侧板的顺序,否则会导致煤粉泄漏。

图 6-13　型煤模具

(2)将第一步中获得的煤粉称重(240g)后放入容器,同时倒入水(10g),这里不考虑水的影响,水为普通的自来水。并将水与煤粉混合均匀,用漏斗倒进模具桶里。

(3)将装好煤粉的模具桶安装好丝扣环,放好压棒放在压力机上,如图 6-14 所示。启动压力机,使压力机缓缓下压,用量尺控制高度(煤样高 100mm),一旦达到目的高度立即停止下压。

图 6-14　煤样压制

所用压力机基本参数如表 6-1 所示。

表 6-1 压力机性能参数

参数名称	数值
型号	YM-150T
公称力/kN	1500
有效行程/mm	300
开口高度/mm	800
电机功率/kW	8

(4)为使试件更好地成型,应使模具桶处在被压状态保压 15min。然后,用压棒将模具桶从压力机取下,由于模具桶较重,为防止震碎型煤,可两个人相互配合轻拿轻放取下,如图 6-15 所示。

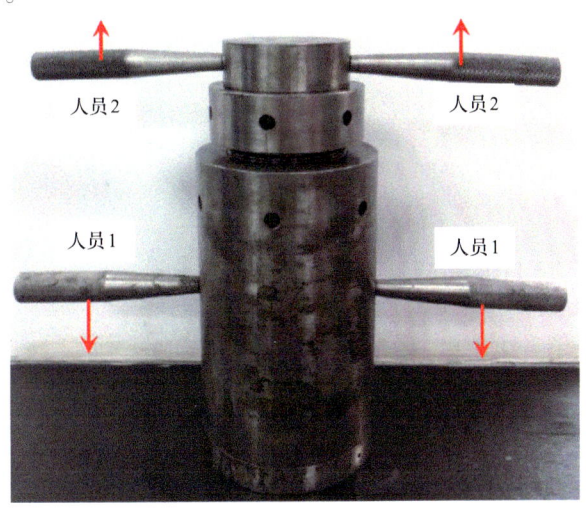

图 6-15 压棒取出示意图

(5)将模具桶上方丝扣环拧掉,再横放在地上,拿掉底座,用脱模棒将煤样取出,得到型煤试件,如图 6-16 所示。模具使用后应当重新清理刷油,避免残留煤粉颗粒影响实验结果。

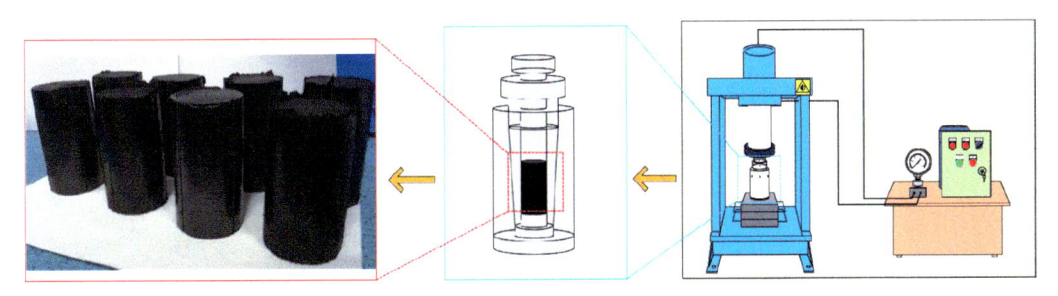

图 6-16 型煤制作流程及部分型煤试样

第三步，煤样烘干。为避免煤中的水分对实验产生影响，在进行实验前应先将制备好的煤样放入真空干燥箱中恒温烘干至煤样试件质量不再变化，然后将煤样冷却至常温。

硬度是型煤试件的一个重要参数，因此在实验前应先对煤样进行坚固性系数测试，根据我国煤样坚固性系数测试标准《煤和岩石物理力学性质测定方法 第 12 部分：煤的坚固性系数测定方法》(GB/T 23561.12—2024)，测得本节实验煤样坚固性系数范围结果见表 6-2。

表 6-2　煤样坚固性系数范围

采样地点	煤样类型	灰分含量/%（质量分数）	水分含量/%（质量分数）	挥发物含量/%（质量分数）	坚固性系数
山西阳泉	无烟煤	5.01～15.90	0.36～1.21	8.17～12.97	0.52～0.59

为使实验过程更贴近真实情况，在将实验煤样放入渗流压力室前可以对煤样进行密封处理，先在煤样外层涂一层均匀的 704 硅胶（图 6-17），再将热缩管套在外面，用电热风机加热，使其紧密地贴合煤样，最后再将处理好的实验煤样按照设备操作流程放入煤层注水流固耦合实验装置中。

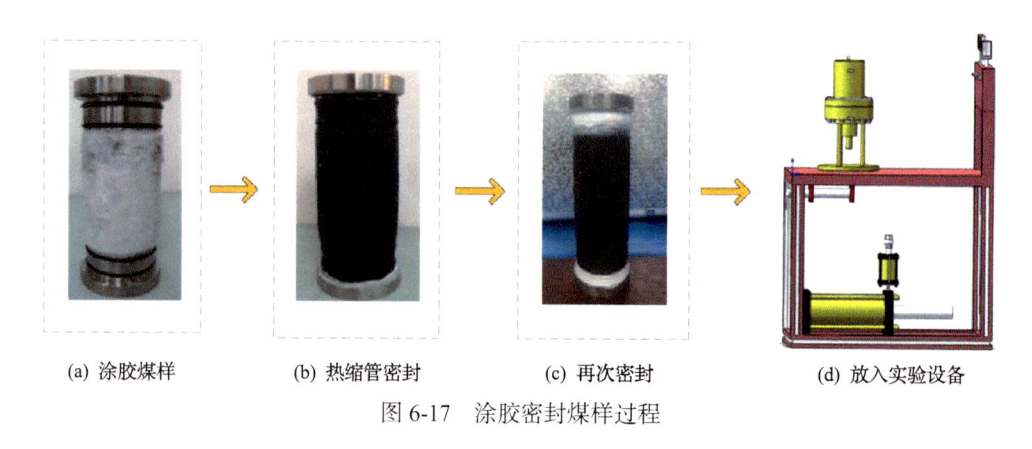

(a) 涂胶煤样　　(b) 热缩管密封　　(c) 再次密封　　(d) 放入实验设备

图 6-17　涂胶密封煤样过程

6.2.3　纳米流体渗流效果验证

制备好煤柱后，将水、溶液和纳米溶液分别注入不同孔隙率的煤柱中。当仪器内流量稳定后，测量 1mL 溶液流出的时间。为了保证实验结果的准确性，采用多组测量平均值的方法。

水在环境温度和压力下的表面张力为 72mN/m，因此很难在煤的疏水表面扩散。在渗流过程中，难以通过煤柱孔隙渗透，无法达到预期的效果。纳米溶液表面张力降低，易在煤的疏水表面扩散。图 6-18 显示表面张力的降低可以促进渗透。当纳米溶液通过煤柱渗透时，其表面张力进一步降低到超低值，其液滴达到纳米级，因此更容易在煤柱表面扩散。纳米溶液通过渗透孔隙时，会湿化煤孔表面，吸附在煤孔上形成一层滑移膜，使纳米溶液更容易通过煤的孔隙，达到润湿煤柱内部的效果。两种不同类型的试剂在煤柱中的渗流规律相同，即随着煤柱孔隙率的增加，渗流时间显著缩短。

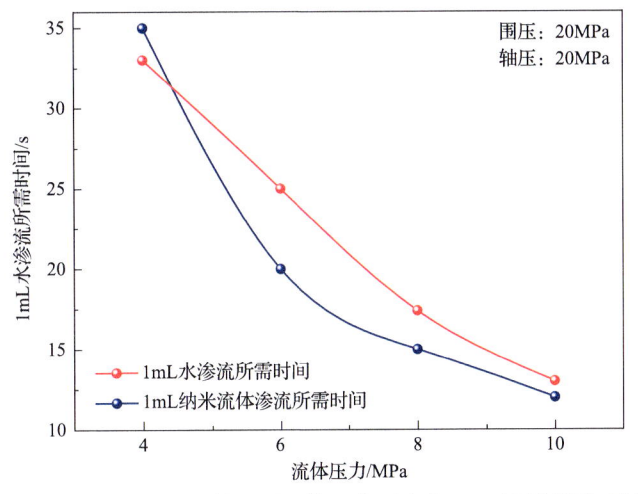

图 6-18　水与纳米流体不同流体压力下渗流 1mL 液量所需时间

6.3　多孔介质煤自发渗吸实验

6.3.1　实验方法

煤是一种孔隙网络发达的多孔介质，存在大量的微细毛细管。在煤层注水过程中，当注水压力消耗殆尽时，水分依靠丰富的毛细孔隙产生的强大毛细管力渗吸进入微孔隙。因此，在微观层面上，煤层注水的过程实质上是外加水分在煤体中的渗吸过程，它决定着煤体的润湿速率和含水率。本章采用物理渗吸测试，探究纳米改性流体在煤质多孔结构中的渗吸特征，进而可以探讨其对煤层注水润湿煤体的增效作用。

自发向上渗吸实验过程如图 6-19 所示。首先，选取 3 种不同变质程度的原煤，分别是宁夏梅花井低阶煤(褐煤)、山西王庄中阶煤(烟煤)和山西阳泉高阶煤(无烟煤)。将得到的原煤用破碎机粉碎，再用不同目数的筛子筛选(图 6-20)，将煤样分成粒度为 20~40 目、40~60 目、60~80 目、80~100 目、100~120 目、120~150 目，如图 6-21 所示，

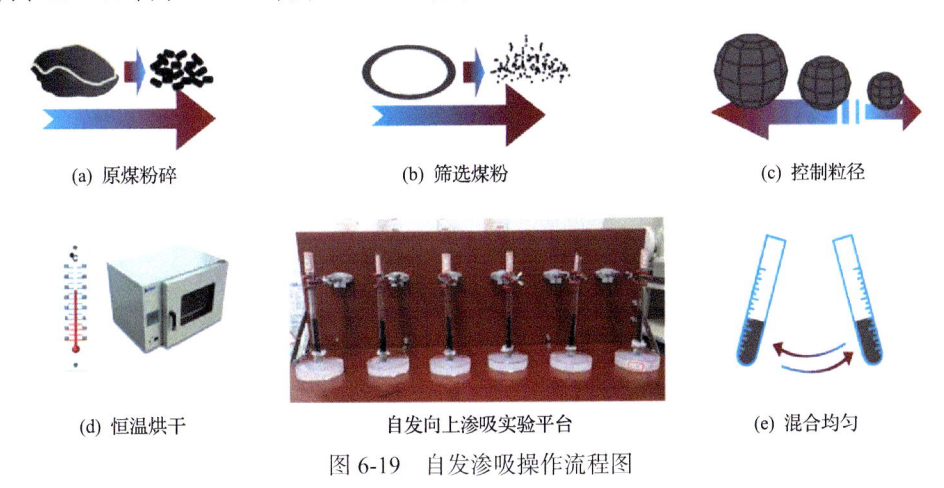

(a) 原煤粉碎　　(b) 筛选煤粉　　(c) 控制粒径

(d) 恒温烘干　　自发向上渗吸实验平台　　(e) 混合均匀

图 6-19　自发渗吸操作流程图

(a) 破碎机　　(b) 筛子

图 6-20　煤粉制作设备

(a) 20~40目　　(b) 60~80目　　(c) 100~120目

图 6-21　部分粒径煤粉

并将其干燥后放在密封袋里冷却至室温。

然后，用滤纸密封内径为 5mm 的玻璃管底部，加入 1.7g 的煤粉，振动玻璃管 10min 使其形成密度分布均匀的颗粒煤柱。最后，将玻璃管垂直固定在底座上，玻璃管的底部在培养皿内，将实验流体倒入玻璃碟内。当玻璃管底部接触液面时，启动计时器，记录不同高度去离子水渗吸所需时间。当渗吸高度稳定时，实验即可中止。

6.3.2　煤阶与流体对渗吸高度的影响

煤阶和流体类型对渗吸高度的影响如图 6-22 所示。由图 6-22 可知，不同变质程度煤体的渗吸高度符合 $y=ax^b$ 的函数关系。该拟合方程拟合系数 R^2 大于 0.83，拟合效果较好。由方程可以明显看出，系数 a 越大，渗吸高度越高。此外，纳米流体的系数 a 高于去离子水，如图 6-23 所示。

研究发现，煤的变质程度越高，渗吸效应越差。这可能是由于煤颗粒变质程度较低，其表面亲水基团较多，煤的内表面积也较大，因此其吸附水的能力增强。结果表明，渗吸高度排序为低阶煤>中阶煤>高阶煤。纳米流体的整体吸附效果优于去离子水，这是因为纳米 SiO_2 颗粒、表面活性剂和十八醇形成的微乳液状液体降低了表面张力，增强了水对煤的润湿性。此外，纳米粒子在液体表面的吸附和富集会产生界面张力梯度，诱发 Marangoni 效应，提高液滴的变形性和流动性。相比不含纳米颗粒的液体纳米流体更能促进液体在煤表面的润湿和扩散。与本体相比，纳米粒子在薄液膜中的有序分层在液

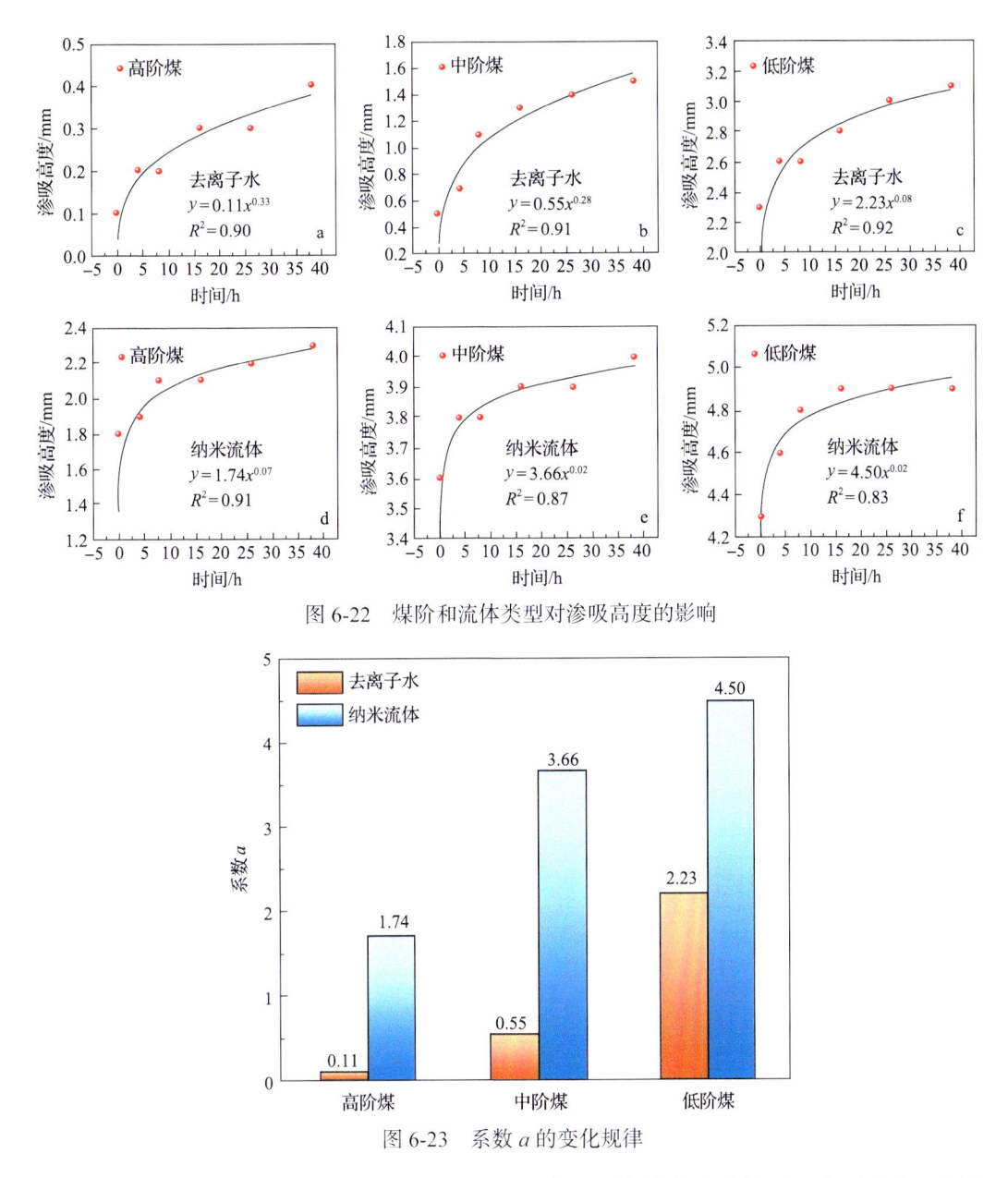

图 6-22 煤阶和流体类型对渗吸高度的影响

图 6-23 系数 a 的变化规律

膜中产生额外的结构分离压力。这种分离压力将封闭的纳米流体的两个表面分离，最终导致液滴的扩散，提高了液体的润湿性。因此，纳米流体的渗吸高度高于去离子水。

6.3.3 煤粉粒径对渗吸高度的影响

如图 6-24 和图 6-25 所示，不同粒径煤粉的渗吸高度也符合 $y = ax^b$ 的函数关系，拟合系数 R^2 均大于 0.85。系数 a 越大，渗吸效果越好，系数 b 越小，渗吸后期越稳定。当煤粉粒度为 60～80 目时，渗吸效果最好。原因如下，当煤粉粒度过大时，不利于孔隙结构的形成。孔隙和裂缝中的毛细力几乎为零，因此渗吸效果较差。当粒径过小时，形成的毛细孔也很小,"锁水效应"更明显,吸渗效果也不好。另外,从图中可以看出,随着时间的延长,饱和吸水量增加,但吸水量增加的速度变慢。

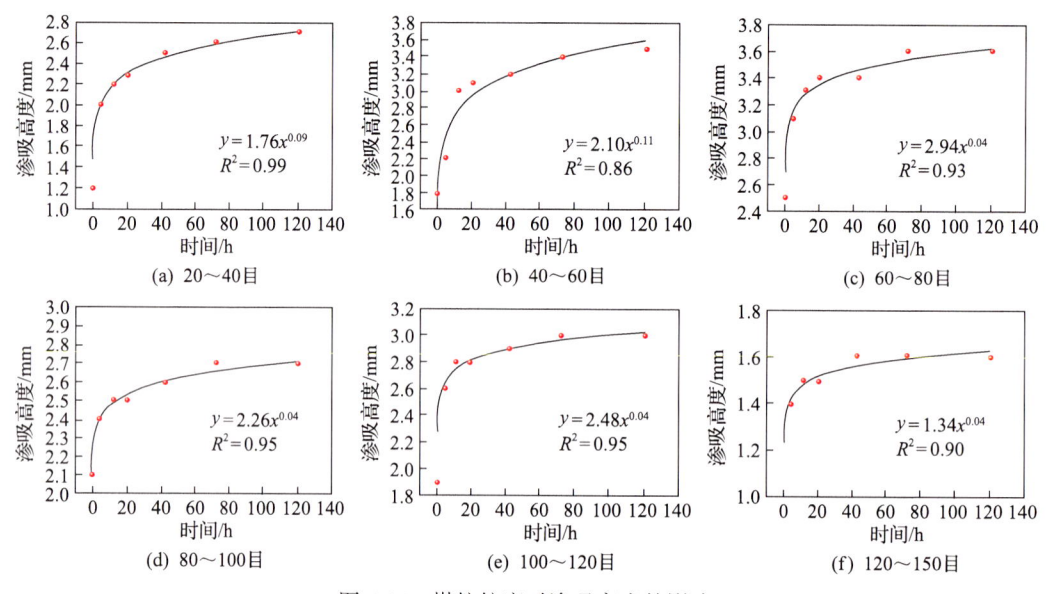

(a) 20～40目　$y = 1.76x^{0.09}$　$R^2 = 0.99$

(b) 40～60目　$y = 2.10x^{0.11}$　$R^2 = 0.86$

(c) 60～80目　$y = 2.94x^{0.04}$　$R^2 = 0.93$

(d) 80～100目　$y = 2.26x^{0.04}$　$R^2 = 0.95$

(e) 100～120目　$y = 2.48x^{0.04}$　$R^2 = 0.95$

(f) 120～150目　$y = 1.34x^{0.04}$　$R^2 = 0.90$

图 6-24　煤粒粒度对渗吸高度的影响

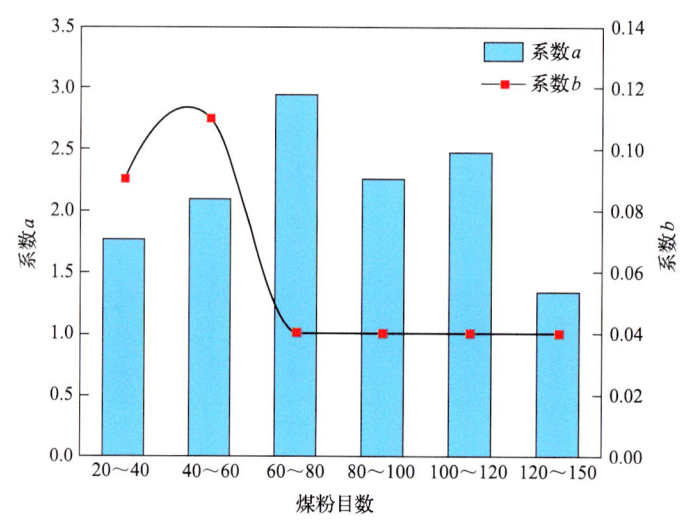

图 6-25　系数 a 和 b 的变化规律

6.4 纳米减阻材料对煤层注水渗流的影响规律

6.4.1 纳米减阻流体在煤层中的适用性分析

煤层的物理性质主要是指煤的孔隙结构分布。煤层的孔径越小,毛细管阻力越大,注水越困难。水溶液对煤体的润湿性对毛细管力作用效果起到至关重要的作用。当接触角越小时，毛细管力提供的阻力越小；当接触角越大时，毛细管力提供的阻力就越大。随着孔径尺度的变化，毛细管力变化，至临界孔隙，毛细管力的存在就会阻止水溶液的渗透，如图 6-26 所示。通过分析毛细管力的公式可知，降低注入流体的表面张力，能够有效改变对煤样的润湿性能，降低临界孔隙尺度。纳米 SiO_2 经改性制备成纳米 SiO_2 分散液，并对纳米流体组分进行优化后得到的纳米减阻流体的表面张力最低值为 15.79mN/m，远小于去离子水，因此纳米减阻流体的渗流效果应优于去离子水，与室内煤层注水渗流实验结果一致，可以认为纳米减阻流体具有较好的煤层适用性。

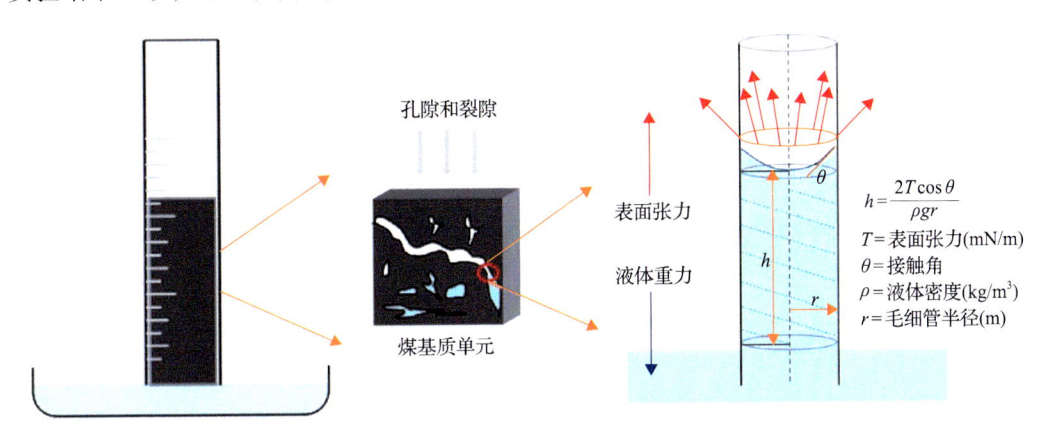

$$h = \frac{2T\cos\theta}{\rho g r}$$

T = 表面张力(mN/m)
θ = 接触角
ρ = 液体密度(kg/m^3)
r = 毛细管半径(m)

图 6-26　毛细管力作用示意图

6.4.2　纳米减阻流体注水增渗效果分析

渗吸是一种普遍存在的自然现象，其本质是毛细流动现象。多孔介质具有自发吸入润湿相流体的能力，而煤是一种具有孔隙-裂隙双重结构的多孔介质，其复杂的孔裂隙结构为水分依靠毛细管力作用进入煤体创造了条件。自发渗吸是指水分在毛细管力的作用下，克服水重力的影响，进入多孔介质材料。渗吸高度即水分在毛细管内上升的高度，水分在毛细管内上升的原因有如下两个。

(1) 空气和水的界面处存在表面张力，空气和水界面内的水分子受力不平衡产生了表面张力，表面张力表现为缩小自身的表面积，从而使自身的表面自由能变得最小。

(2) 毛细管浸润现象是指毛细管管壁固体分子与水分子之间存在引力，毛细管管壁与水面的接触部分呈向上的弯曲状。毛细管的直径很小，浸润现象使毛细管内的水液面形成凹液面。管壁与水分子之间的引力很大，导致水在毛细管内上升，当水柱的重力和管壁与水分子之间的作用力相等时，毛细管内的水柱停止上升。

参 考 文 献

[1] 梁静霞. 介孔二氧化硅材料的制备与表征[D]. 济南：山东师范大学，2014.
[2] 王瑶. 纳米流体在储层岩芯表面的铺展及其驱油机理研究[D]. 西安：西安石油大学，2015.
[3] 戴紫梦. 纳米流体在三次采油中的应用[J]. 华东科技，2017，(12)：64-66.
[4] Soleimani H, Baig M K, Yahya N, et al. Synthesis of ZnO nanoparticles for oil-water interfacial tension reduction in enhanced oil recovery[J]. Applied Physics A, 2018, 124(2): 128.

[5] Songolzadeh R, Moghadasi J. Stabilizing silica nanoparticles in high saline water by using ionic surfactants for wettability alteration application[J]. Colloid and Polymer Science, 2017, 295(1): 145-155.
[6] Arab D, Kantzas A, Bryant S L. Nanoparticle stabilized oil in water emulsions: A critical review[J]. Journal of Petroleum Science and Engineering, 2018, 163: 217-242.
[7] 唐洪波, 李萌, 马冰洁. 二氯二甲基硅烷改性纳米二氧化硅工艺研究[J]. 精细石油化工, 2007, (6): 44-47.
[8] 刘金玲, 郭慰彬, 白欣, 等. 改性二氧化硅气凝胶研究进展[J]. 广州化工, 2019, 47(6): 16-18, 27.
[9] 毛义梅. 改性纳米二氧化硅的制备及其在SSBR/BR的应用研究[D]. 开封: 河南大学, 2018.
[10] 水玲玲, 刘晓纯, 龚颖欣. 二氧化硅材料的表面润湿性改性研究[J]. 华南师范大学学报(自然科学版), 2018, 50(5): 39-44.
[11] 李清江, 杨莹, 蒋莉, 等. 表面改性纳米二氧化硅粒子制备与分散性表征分析[J]. 实验技术与管理, 2019, 36(10): 159-162.
[12] 沈婉茹, 刘颖, 汲明栋, 等. 疏水改性纳米二氧化硅颗粒稳定Pickering乳液[J]. 山东理工大学学报(自然科学版), 2019, 33(5): 1-4.
[13] 李雄. 液滴微流控中液滴形成与操纵的关键技术研究[D]. 深圳: 深圳大学, 2017.
[14] 李战华, 吴健康, 胡国庆, 等. 微流控芯片中的流体流动[M]. 北京: 科学出版社, 2012.
[15] 邹芬香. 基于数字微流控的基因突变检测平台与方法[D]. 厦门: 厦门大学, 2019.
[16] 林炳承, 秦建华. 微流控芯片实验室[M]. 北京: 科学出版社, 2006.
[17] 王学浩. 数字微流控芯片检测技术研究[D]. 天津: 河北工业大学, 2016.

第 7 章　丙三醇微乳液对煤层渗流润湿及保湿特性的影响

随着开采深度的增加，在地应力的作用下煤层渗透率进一步降低，注水效果更加不明显，较低的孔隙率很难使传统注水试剂透过微小裂隙，微乳液具有低表面张力和低水煤接触角[1-4]，在增加煤层注水效果上具有明显成效[5-9]，但在实际开采过程中，微乳液中乙醇、煤油等成分的挥发会带走少量水分，注水工作面煤体的含水率会随着时间的延长不断降低，对粉尘的抑制作用并不明显[10-14]。

本章在传统微乳液基础上通过改变相物质及表面活性剂类型，研究微乳液成分的变化对整体润湿性能的影响，引入丙三醇溶液作为相物质研究在注水过程中对煤层保湿性及吸附空气中有害气体方面的作用。微乳液渗流效果通过煤层注水渗流实验进行表征，设计对照组分别将五种润湿剂注入煤样进行比较，从渗流系数、初渗速度等方面分析微乳液成分对渗流效果的影响。

7.1　丙三醇微乳液对煤层润湿特性产生的影响

7.1.1　微乳液及试样制备

1. 微乳液配制

本节所用去离子水、乙醇、煤油均购自成都爱科达化学试剂有限公司。白色粉末 SDS 和 SDBS 均购自天津市鼎盛鑫化工有限公司。将 SDS 和 SDBS 粉末用温去离子水溶解，得到 1%的透明 SDS 溶液和 SDBS 溶液备用。

为了方便丙三醇微乳液与水相微乳液的对比，将去离子水、煤油、乙醇和 SDS 溶液在 25℃室温下以水油比 1:1.5(质量比)混合得到半透明润湿剂标号为 1#微乳液(W-O-SDS-E)；将丙三醇溶液、煤油、乙醇和 SDS 溶液在 25℃室温下以水油比 1:1.5 混合得到半透明润湿剂标号为 2#微乳液(G-O-SDS-E)；将去离子水、煤油、乙醇和 SDBS 溶液在 25℃室温下以水油比 1:1.5 混合得到半透明润湿剂标号为 3#微乳液(W-O-SDBS-E)；将丙三醇溶液、煤油、乙醇和 SDBS 溶液在 25℃室温下以水油比 1:1.5 混合得到半透明润湿剂标号为 4#微乳液(G-O-SDBS-E)。配制后的试剂实物图如图 7-1 所示。

2. 煤样制备

原煤煤块直接取自山西阳泉盂县玉泉煤矿采煤工作面，大块煤样经过封装打包直接带回实验室。为了保证实验数据的准确性，实验中使用的同种煤来自同一块煤样。大块煤样经过粉碎磨粉后使用筛子筛选出粒径为 20 目、120 目和 325 目的煤粉。煤粉的工业分析和元素分析分别使用 SE-MAG6600 工业分析测试仪和 TY-BSY2 元素分析测试仪测量如表 7-1 所示。

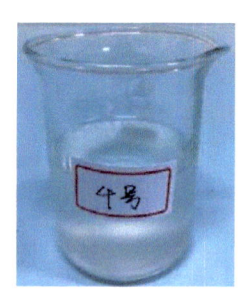

图 7-1　微乳液配制

表 7-1　煤样的工业分析和元素分析

煤样	工业分析/%(质量分数)				元素分析/%(质量分数)				
	M_{ad}	A_{ad}	V_{ad}	F_{cad}	C_{daf}	H_{daf}	O_{daf}	N_{daf}	$S_{t,d}$
瘦煤	1.05	15.47	18.93	64.55	90.24	4.13	3.1	1.03	1.29

注：M_{ad} 表示水分；A_{ad} 表示灰分；V_{ad} 表示挥发分；F_{cad} 表示固定碳；C_{daf} 表示碳；H_{daf} 表示氢；O_{daf} 表示氧；N_{daf} 表示氮；$S_{t,d}$ 表示硫。

7.1.2　接触角与表面张力实验结果分析

图 7-2 为不同润湿剂处理后煤表面的接触角。由图 7-2 可知，经过 4 种微乳液处理的煤表面接触角相差较小且都能实现完全润湿，而经水处理后的煤表面接触角明显大于 4 种微乳液处理后的接触角。说明微乳液作为润湿剂可以较大程度地改变煤表面的化学特性，促进润湿效果。煤具有疏水亲油的特性，煤表面的水在煤表面上疏水基的影响下抑制水与煤的进一步接触，较大的表面张力使得水难以铺展，进而形成较大的接触角。微乳液普遍具有较小的表面张力，在煤的表面可以大幅度提升液体的铺展能力，进而形成较小的接触角。

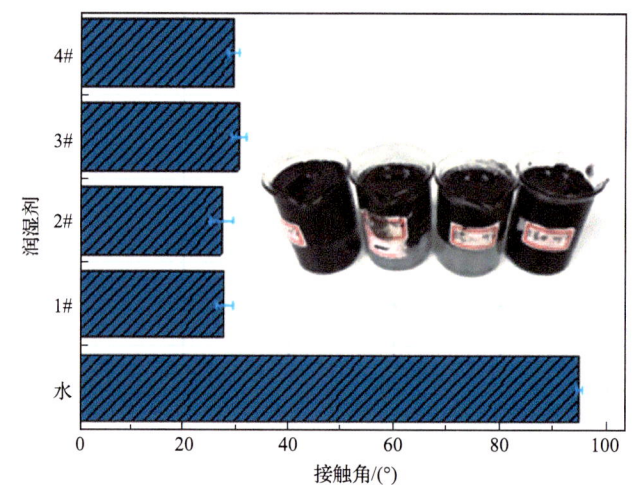

图 7-2　不同润湿剂处理后煤表面的接触角

对比 4 种微乳液在煤表面形成的接触角可以看出，微乳液中的 SDS 对液体表面张力的降低能力普遍优于 SDBS，使之在水-煤接触面形成更小的接触角，并在 2#溶液中将接触角降低到最小，为 27.2°。在相同成分的表面活性剂条件下，将微乳液中的水替换为丙三醇其接触角有一定程度的减小，产生这种现象的原因在于丙三醇作为短链醇，其化学特性与助表面活性剂中乙醇的性质极为相近，在一定程度上可以将丙三醇看作助表面活性剂的成分，短链醇作为助表面活性剂时，在一定范围内微乳液的表面张力随着表面活性剂浓度的提高而减小，从而出现接触角减小的现象，即将微乳液相物质中的水替换为丙三醇在一定范围内可以进一步减小溶液的接触角，提升微乳液在煤表面的润湿效果。

不同润湿剂处理后的煤样，其工业分析与元素分析的拟合曲线具有相同的相关性。接触角与煤中的固定碳和碳元素含量呈正相关关系，表明固定碳和碳元素含量越高，润湿性越差。煤层中的固定碳以及碳元素的占比越高，煤的变质程度越高，润湿性越差，这与接触角的实验结果一致。接触角随着煤中水分和灰分的增加而减小，表明水分和灰分与煤的润湿性正相关。接触角随着氢、氧含量的增加而减小，结果表明氢和氧的含量增加促进了煤的润湿。在煤变质过程中，随着煤阶的增加，含氧官能团逐渐减少，降低了煤对水的亲和力，直接决定了煤的润湿性。

图 7-3 为不同润湿剂表面张力的测量结果。可以看出，水的表面张力远大于微乳液，不同组分微乳液之间表面张力相差不大。丙三醇的加入降低了微乳液的表面张力，有利于微乳液在煤表面的铺展，但决定表面张力的主导因素是微乳液中的表面活性剂成分差异。不同成分的微乳液表面张力均小于 37mN/m，均能实现煤的完全润湿。不同润湿剂表面张力实验结果对润湿剂在煤表面接触角的实验结果具有一定的补充和支撑作用，综合接触角实验和表面张力实验可以得出丙三醇的加入对微乳液自身及在煤体表面的性质产生微弱影响，丙三醇作为短链醇，在微乳液中充当部分助表面活性剂的作用，使得润

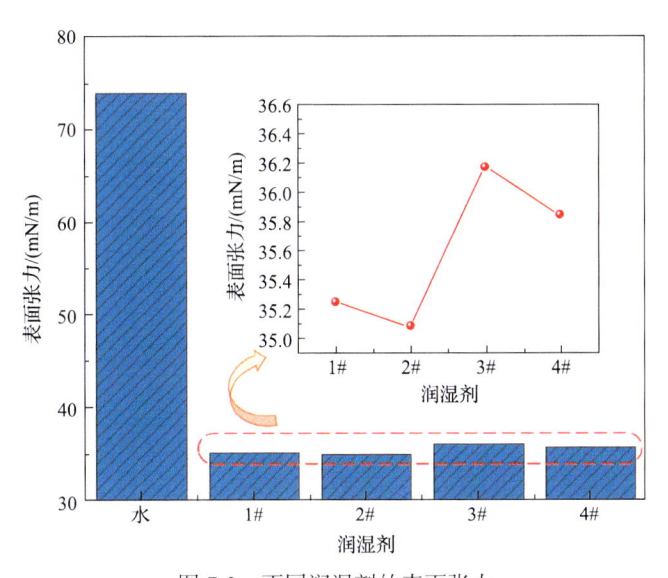

图 7-3 不同润湿剂的表面张力

湿性增强，降低表面张力的同时进一步降低了其在煤表面的接触角，更有利于微乳液在煤层中的铺展。但丙三醇对微乳液润湿性的提升作用小于微乳液表面活性剂成分差异对润湿性的影响。

7.2 微乳液及成分对煤层渗流特性的影响

7.2.1 型煤试样制备

为探究不同润湿剂在煤体中的渗流特性，本节通过煤层注水渗流实验分析煤体中不同润湿剂的渗透率，用以表征煤矿开采前注水难易程度和煤层注水效率。实验采用多尺度加载渗流系统，该系统实物图如图 7-4 所示。

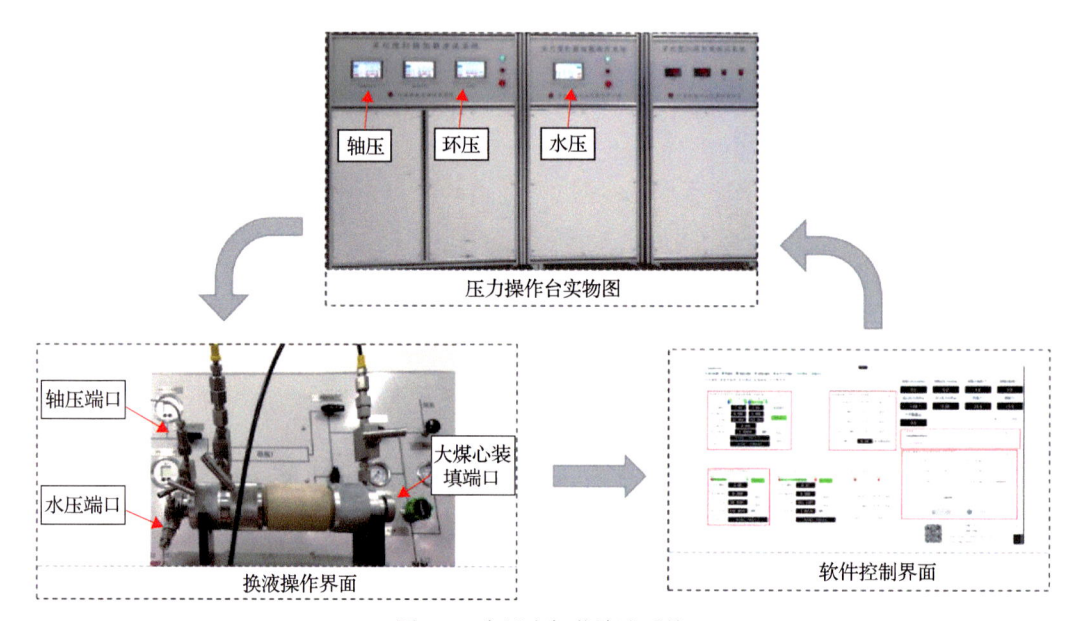

图 7-4 多尺度加载渗流系统

煤体内部除有形状各不相同的原生大裂隙外，还有丰富的微小孔隙，不同的孔裂隙结构决定了不同的煤体有不一样的渗流效果和渗透率。研究表明，型煤具有和原煤相似的吸附性质，而且当以恰当的配比制作型煤时，其力学性质和渗流特性是相近的。此外，型煤做实验还具有良好的重复性。因此，为了控制煤体因自身裂隙而产生干扰，本次实验采用型煤试件作为研究对象，其孔隙率由型煤的组成成分和成型压力决定，可以在很大程度上避免试件自身原因产生的误差，提高实验的准确性。

本实验采用的煤取自玉泉煤矿，玉泉煤矿位于山西境内。从煤矿井下选取均质性好的坚硬大块原煤，取样时严格按照实验室取样标准。

型煤试件由煤粉、水泥、砂子、水按 6:2:1:1 的质量比组成。其中，煤粉是由玉泉煤矿的大煤块经破碎、筛选后，按照 20~40 目、40~60 目、60~80 目、80~100 目、100~120 目的质量比为 1:1:1:1:1 的比例混合的，具体的材料配比如表 7-2 所示。

表 7-2 型煤材料配比

煤粉					水泥	砂子	水
20~40目	40~60目	60~80目	80~100目	100~120目			
6	6	6	6	6	10	5	5

型煤制作流程如图 7-5 和图 7-6 所示。具体操作步骤如下。

(1)将大块煤样用铁锤破碎为较小的煤块。

(2)将小煤块放入破碎机中,打磨破碎成粉末状态的煤粉。

(3)破碎后的煤粉从破碎机中倒入筛子中,用不同尺寸的筛子叠加筛取出 20~40 目、40~60 目、60~80 目、80~100 目、100~120 目的煤粉(图 7-5 和图 7-6)。

(a) 破碎机　　　　　(b) 筛子

图 7-5 煤粉制作设备

(a) 20~40目煤粉　(b) 40~60目煤粉　(c) 60~80目煤粉　(d) 80~100目煤粉

(e) 100~120目煤粉　(f) 砂子　(g) 水泥

图 7-6 型煤制作材料

(4)将型煤模具按照装配流程分别拆卸下来,如图 7-7 所示。各零件用毛刷清理干净,在侧板与煤体接触的表面处涂抹一层机油,防止成型压力过大导致煤粉粘连不容易取出成型试样。

图 7-7　型煤模具

(5)将模具按照装配流程组装并确保组装过程中无煤粉等颗粒物进入各零件连接处。按照一定比例混合好的型煤材料通过漏斗装填入模具筒内，将承压棒置于模具筒内，放入压力机中(表 6-1)。

(6)所使用的压力机如图 7-8 所示。打开压力机开关，控制压力。在加压过程中需注意模具和压力表示数的变化，尽可能调低加压速度，待承压棒达到指定位置时停止加压，加载后的最终压力不应超过 20MPa。

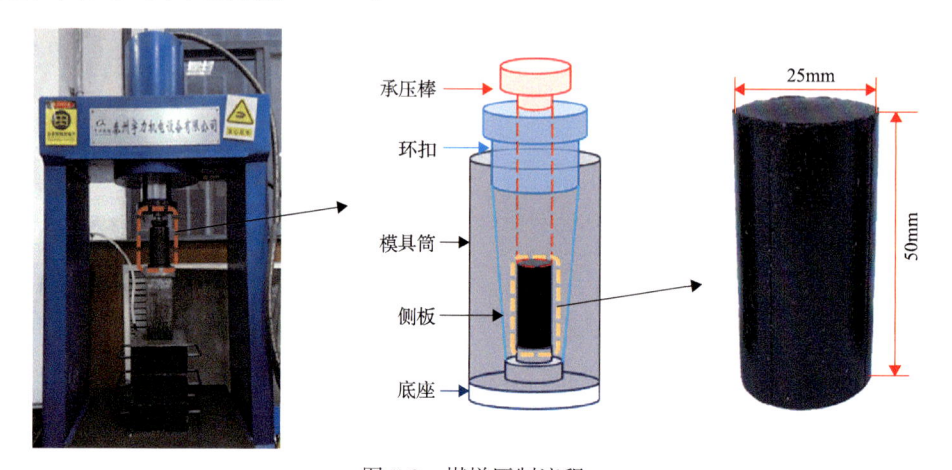

图 7-8　煤样压制流程

(7)当承压棒下降到指定位置时，停止加压。为防止试样在撤掉压力后出现反弹现象，保持加压状态稳定 15min 后将压力机压头升起，撤去压力。

(8)将模具从压力机上取下，分别按次序取下承压棒、底座、环扣、侧板等零件，将试样从侧板中取出。

(9)从模具中取出的试样放入恒温恒湿养护箱中养护 28 天后编号备用，如图 7-9 所示。对模具进行清理，侧板在清理后涂抹润滑油，其他零件确保无煤粉等颗粒物残留。

图 7-9　型煤试件实物图

7.2.2　渗流实验步骤

本节主要针对包括对照组水在内的 5 种待测液体进行注水渗流实验，实验流程如图 7-10 所示，详细的操作步骤如下。

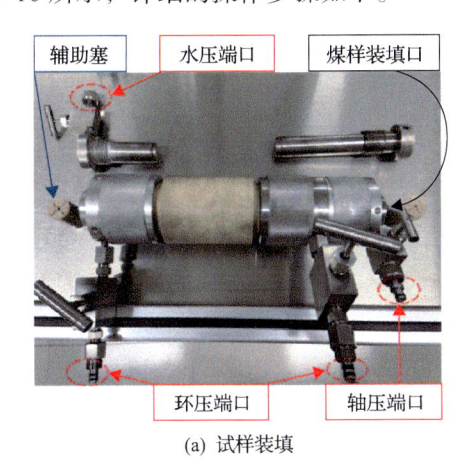

(a) 试样装填　　　　(b) 管路连接

图 7-10　渗流实验流程

(1) 试样装填。

旋转拧开试样装填端口，在试样两端分别放入定制辅助塞后关闭，辅助塞带有花纹的一面接触煤体。需注意不可用力过猛，装填中若出现试样破碎声，则停止装填并更换试样。

(2) 管路连接。

将注水管、轴压管、环压管分别与各端口进行连接，如图 7-10 所示。

(3) 实验参数设定。

先将轴压升至 1MPa 后，再分别将环压和轴压升至 5MPa、3MPa。注水压力按照实验值设定。

(4) 数据记录。

在启动实验时开始记录数据，主要测量数据为出水口开始有液体流出时，流出煤体的累计流量随时间变化的关系。测量渗透煤体 3min 内累计流量的变化，每隔 10s 记录一次。

7.2.3 渗流实验结果及分析

分别开展水、1#微乳液、2#微乳液、3#微乳液和4#微乳液在型煤试样中的渗流实验。同种注水剂分三组进行实验，分别测量注水压力为 1MPa、3MPa、5MPa 的条件下累计流量随时间的变化关系。保持室温20℃，轴向应力3MPa，环向应力设置5MPa。实验采取测量多组数据取平均值的方法以保证实验结果的准确性。

煤层注水渗流实验结果如图 7-11 所示。可以看出，在水溶液初次渗透型煤试件之后，水溶液的累计流量随时间的变化关系呈线性关系，即水溶液在试样内部的渗流规律趋于稳定状态，单位时间内的渗流量未发生变化。随着注水压力的增加，单位时间内的渗流量增大。

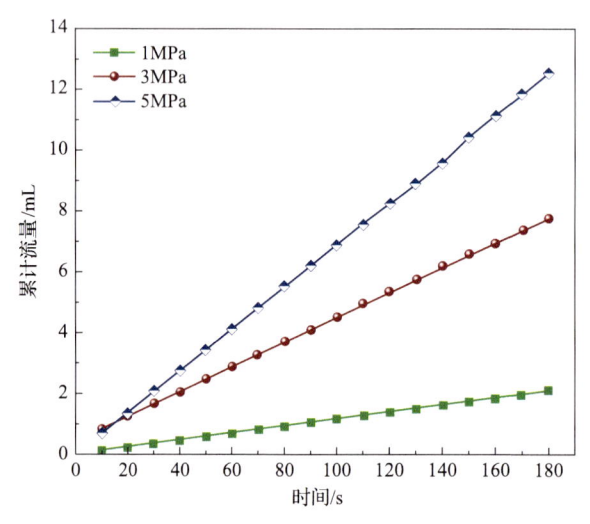

图 7-11 水溶液的累计流量随时间变化关系

按照此方法分别对 1#微乳液、2#微乳液、3#微乳液和4#微乳液进行注水渗流实验，其累计流量随时间的变化如图 7-12～图 7-15 所示。

从图 7-12 中可以看出，1#微乳液在初次渗透型煤试件后，渗流规律较水溶液有所不同。主要的区别之处在于1#微乳液累计流量与时间的线性相关性相对较低，即随着时间的延长，单位时间内的渗流量逐渐增大。

图 7-12 中虚线表示注水时间 120～180s 内曲线的斜率，在此时间段单位时间内的渗流量趋于稳定状态，并未随时间的延长出现较大波动。将此时单位时间内渗流量曲线(斜率 k)反向延长至渗流时间前120s，可以看出在注水渗流前期，1#微乳液单位时间内的渗流量是随时间延长逐渐增大并趋于稳定的，且随着注水压力的增加，单位时间内渗流量趋于稳定所用的时间逐渐缩短。

图 7-13～图 7-15 分别为 2#微乳液、3#微乳液和4#微乳液初次渗透型煤试件后累计流量随时间的变化关系。与1#微乳液渗流规律类似，2#微乳液、3#微乳液和4#微乳液在渗流实验前期单位时间内的渗流量均缓慢增大并最终趋于稳定，丙三醇的加入并未对微

乳液单位时间内的渗流量产生较大影响，产生的降低幅度在8%以内。

随着注水压力的增大，四种微乳液在渗流过程中单位时间内的渗流量趋于稳定所用的时间均缩短，丙三醇的加入对微乳液渗流过程中单位时间内渗流量的降低幅度随注水压力的增加逐渐加大。

产生这种现象的原因与微乳液的溶解能力密不可分。煤作为冻黏主体，是由有机组分和无机组分构成的复杂混合物，无机组分由各种矿物质和水组成，而黏土矿物是煤中

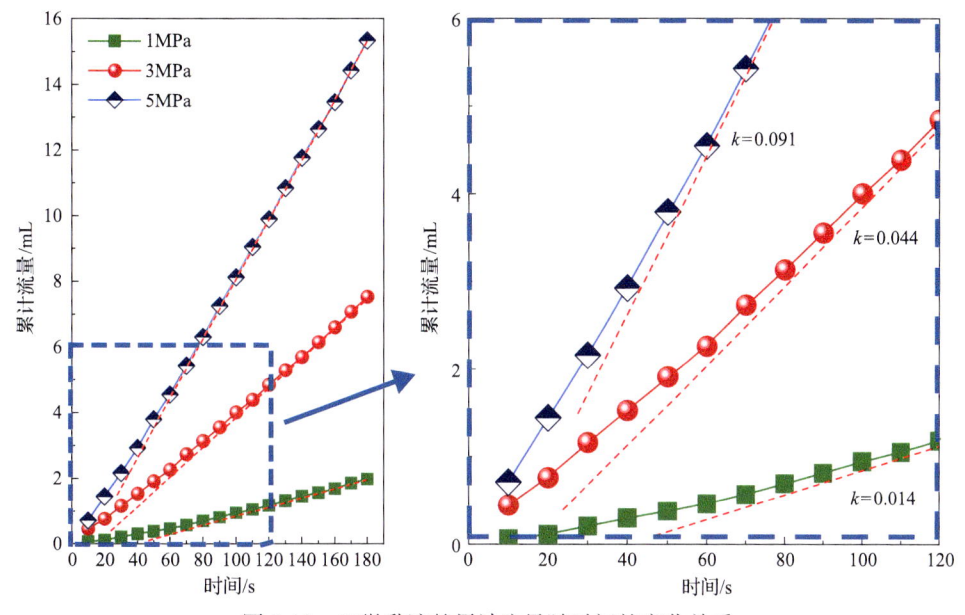

图 7-12　1#微乳液的累计流量随时间的变化关系

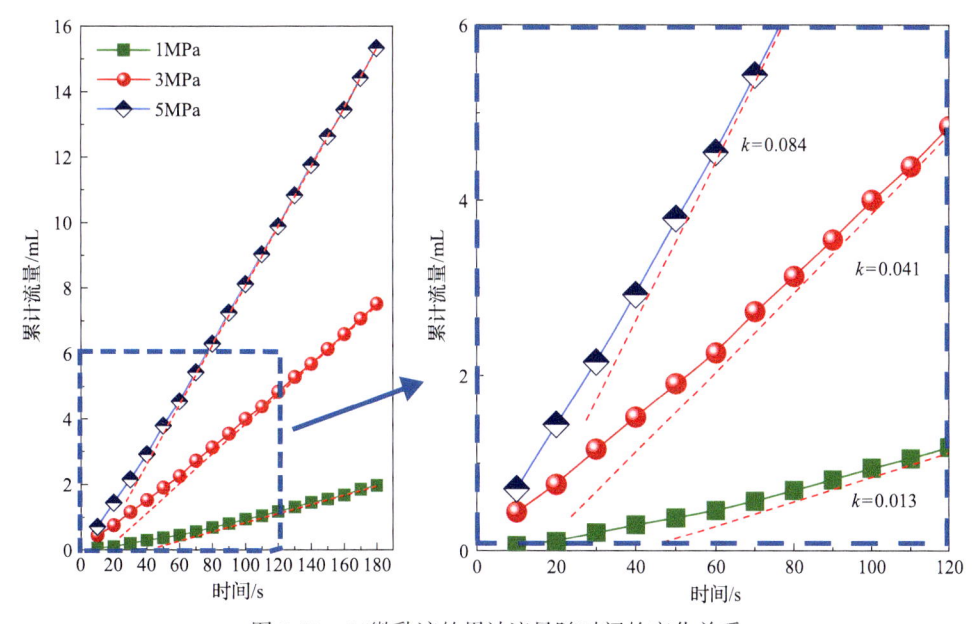

图 7-13　2#微乳液的累计流量随时间的变化关系

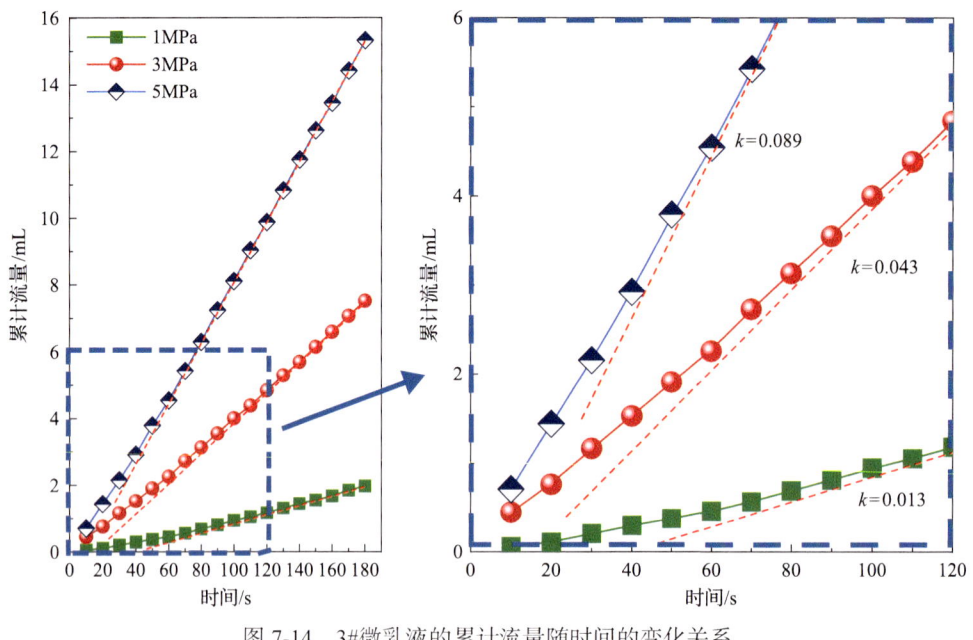

图 7-14　3#微乳液的累计流量随时间的变化关系

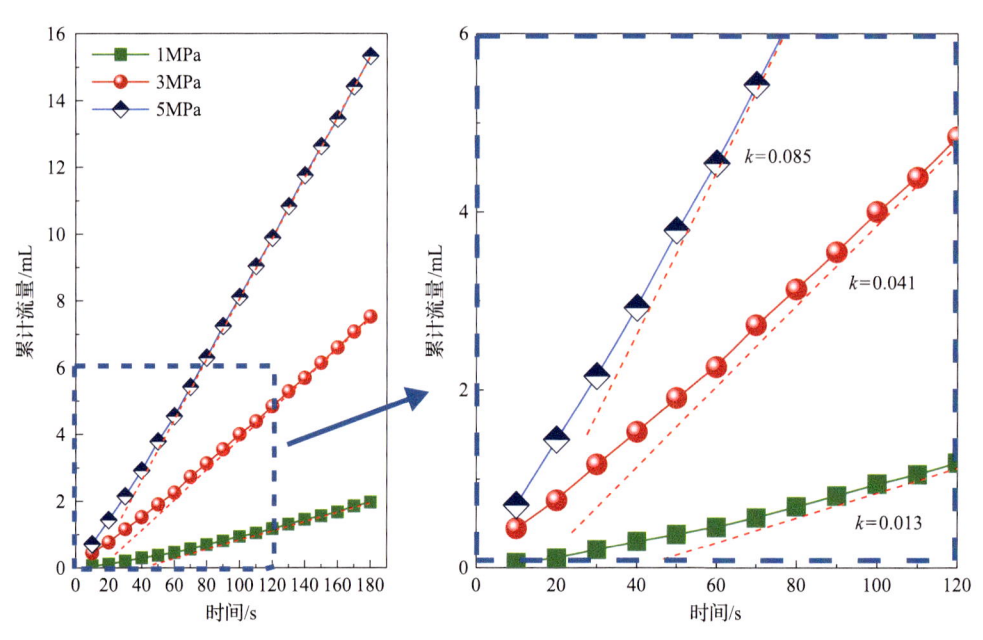

图 7-15　4#微乳液的累计流量随时间的变化关系

矿物质的主体。在经过润湿剂处理后主要有 7 种黏土物质较为敏感，分别是钠长石、蒙脱石、石英、钾长石、方解石、高岭石和白云石。其中，蒙脱石对煤体渗流效果的影响最大，即使含量很少，也会导致渗透性产生很大变化。蒙脱石在原煤中的质量分数为 4.32%，在经过水和微乳液处理后质量分数分别为 4%和 2.68%，煤体中部分蒙脱石溶解于微乳液中。在渗流过程中，蒙脱石含量在 4%以下时，蒙脱石会吸水剧烈膨胀，增加渗流通道，渗透系数也会相应地增大，但当蒙脱石含量达到或超过4%时，吸水剧烈膨胀的蒙脱石会堵塞煤的孔裂隙，其渗透系数并不会发生较大变化。此外，微乳液还能溶解一定的方解石、高岭石等矿物质，这些矿物质吸水不会膨胀，但会填充孔裂隙，微乳液的溶解能在一定程度上打开渗流通道，增加渗流能力。为了表征微乳液处理后煤体表面黏土成分及渗流通道的变化，对原煤、水浸湿煤、微乳液浸湿煤的表面进行SEM实验，得到的结果如图7-16所示。

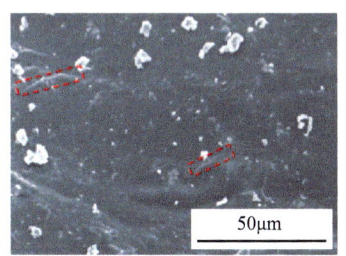

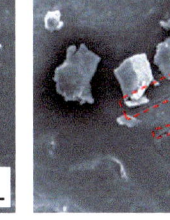

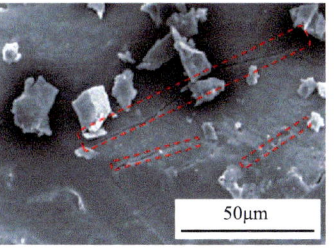

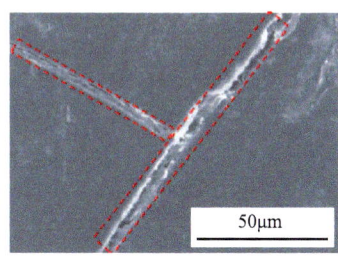

(a) 原煤表面形貌　　　　(b) 水-煤表面形貌　　　　(c) 微乳液-煤表面形貌

图 7-16　不同煤样 SEM 图像

图7-16为不同润湿剂处理后煤样与原煤SEM放大5000倍的对照图像。从图7-16(a)可以看出，原煤表面在未经任何润湿剂处理的情况下较为平整，偶尔有长度较短、宽度较窄的原生孔裂隙存在，在实际注水渗流过程中水溶液很难进入煤体内部，渗流效果差，注水效果不理想。经过水浸泡的煤表面如图7-16(b)所示，煤表面的孔裂隙数量、长度和宽度比原煤表面均有一定的增加，渗流效果较原煤有所改善，但连通性差，水溶液深入煤体内部继续润湿，无法达到理想的渗流效果。

图7-16(c)为微乳液处理后煤表面的形貌，微乳液成分与1#微乳液成分相同，由水、煤油、SDS、乙醇组成，且水油比相近，因此图7-16可以在一定程度上反映本次实验微乳液的整体情况。经过微乳液处理的煤表面孔裂隙长度和宽度有大幅度的变化，孔喉半径明显增加，孔裂隙长度的增加有利于开拓封闭孔裂隙，增加煤体渗流通道的连通性，让微乳液深入孔裂隙内部，润湿煤表面之下较深部的煤体，加之微乳液较小的接触角与表面张力，促使微乳液在微小孔裂隙中铺展，有利于多路径渗流通道的形成，渗流效果相比于水溶液有明显提高。

综上分析可以得出，微乳液在刚开始流入煤体时，煤体内黏土矿物接触微乳液开始有溶解倾向，随着渗流时间的延长，流过煤体的微乳液总量不断加大，微乳液对黏土矿物的溶解度也不断加大，使得型煤试件在渗流的过程中除了自身孔隙提供的渗流通道之外，微乳液溶解的黏土矿物也为型煤试样在原有孔隙的基础上拓宽了孔喉半径，增加了微乳液通过孔隙的有效流动面积。蒙脱石等对水分极为敏感的黏土矿物在吸水后剧烈膨胀，打通封闭孔隙使之形成新的渗流通道，并且随着渗流时间的延长，微乳液对煤体的溶解作用更加充分，表现在渗流结果上则为单位时间内的流量缓慢增加，在达到一定时间后，微乳液对黏土矿物的溶解趋近饱和，此时的煤体内部渗流通道也趋向稳定，单位时间内流过煤体的流量不会再随时间的变化发生变化，表现出单位时间内流量趋于稳定的现象。

7.2.4 润湿剂黏度测量

液体的渗透能力与自身黏度有很大关系。不同液体自身黏度随温度的变化各不相同。为求解不同润湿剂在注入煤体后的渗透系数，得到润湿剂在煤体中的渗透率，需要对润湿剂的黏度进行测量，渗流实验室温控制在20℃左右，因此需要测量该温度下各微乳液的实际黏度。测试实物如图7-17所示，测量的数据在多次记录后取平均值，结果如表7-3所示。

图7-17 不同润湿剂黏度测试

表7-3 不同润湿剂黏度

润湿剂	1#微乳液	2#微乳液	3#微乳液	4#微乳液
黏度/(mP·s)	5.24	7.35	5.08	7.84

对表7-3中的数据进行分析可以得出，2#微乳液与4#微乳液黏度明显大于1#微乳液与3#微乳液，两者之间的差异主要为丙三醇含量的不同。2#微乳液与4#微乳液均含有丙三醇成分而1#微乳液与3#微乳液均不含有该成分。各组微乳液在黏度上表现出的差异可以归结为丙三醇黏度表征出来的结果。常温下丙三醇的黏度为1500mP·s，随着温度的升高，丙三醇的黏度会减小。渗流实验的温度恒定为20℃，因此在将丙三醇溶液加入微乳液后，微乳液整体黏度也会随之增加。

7.2.5 渗透率计算

水在煤体中的渗流符合达西定律，微乳液在渗流过程中会溶解煤体中的矿物质，因此会表现出渗透率逐渐增大的现象，但在一段时间后渗透率会趋于稳定，选取稳定后渗透率的大小作为研究对象，渗透率的计算公式为

$$K = \frac{\mu Q L}{\Delta P \cdot S} \tag{7-1}$$

其中，μ为流体黏度，Pa·s；Q为流体介质的体积流量，cm³/s；L为试件长度，cm；ΔP为试件两端压力差，MPa；S为试件截面积，cm²。

将计算出的不同注水压力下润湿剂的绝对渗透率进行对比，如图7-18所示。

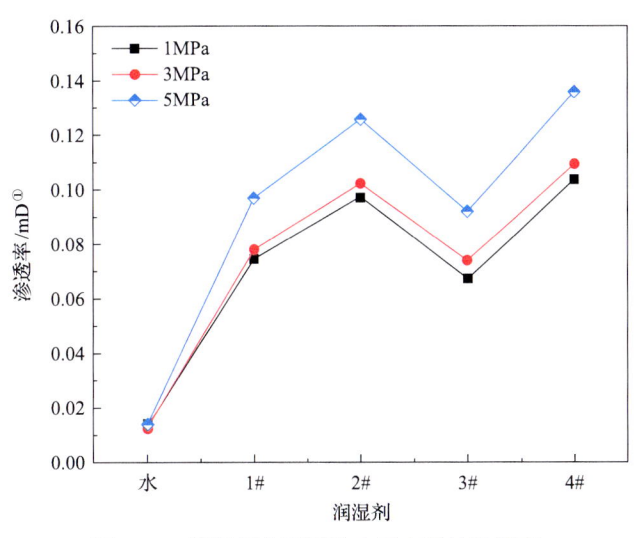

图 7-18 润湿剂在不同注水压力下的渗透率

从图 7-18 中可以看出，水作为润湿剂在煤体中渗透率较小，渗流效果最差。随着注水压力的增加，水的渗透率未发生明显变化，变化幅度在 7% 以内。说明水作为润湿剂难以在疏水煤表面铺展，在渗流过程中难以渗透到煤体孔隙中，且在一定范围内增大注水压力对渗透率的增加并不明显。微乳液在煤层中的渗透率明显高于水在煤层中的渗透率，并且随着注水压力的增大，煤体的渗透率逐渐升高。说明微乳液较小的表面张力能够充分地在煤孔隙中铺展，在渗流过程中，微乳液会润湿并吸附在煤孔隙表面形成滑膜，使后续的微乳液能够更容易通过，达到增加渗流并润湿煤体内部的效果。1#微乳液与 3#微乳液渗透率相近，其渗透性能上的差异主要为微乳液中表面活性剂成分表征在煤体内的差异。2#微乳液与 4#微乳液在渗透性上略高于 1#微乳液和 3#微乳液，丙三醇的加入在效果上看是增加了渗透率，原因在于丙三醇的加入一定程度上降低微乳液-煤接触角与表面张力。表面张力的进一步降低，增强了丙三醇微乳液在煤体孔隙内的进一步铺展。虽然丙三醇的加入使微乳液黏度有所增加，但并未影响微乳液在煤体中的渗流能力。

为了对比丙三醇成分的加入对微乳液渗流效果的具体影响，计算丙三醇加入前后煤体渗流效果的增加率，如表 7-4 所示。可以看出，在加入丙三醇后，微乳液渗透率均有不同程度的提升，幅度在 30%～55% 范围内，说明丙三醇的加入对微乳液渗流特性有一定的促进作用。

表 7-4 渗透率变化对比

注水压力/MPa	对照组 1			对照组 2		
	1#渗透率/mD	2#渗透率/mD	增加率/%	3#渗透率/mD	4#渗透率/mD	增加率/%
1	0.074724	0.097326	30.25	0.067268	0.1038149	54.33
3	0.078282	0.102317	30.7	0.074167	0.1091387	47.15
5	0.097141	0.1257759	29.48	0.092105	0.1357579	47.39

① 1mD=10^{-3}D；1D=0.986923×10^{-2}m²。

7.3 微乳液及成分对煤层保湿特性的影响

7.3.1 实验准备

丙三醇是一种无色、无臭、微甜、无毒的多羟基化合物,广泛应用于食品工业。由于含有三种羟基,具有高度溶解性和保湿性,在药物配方中常作为保湿剂。在微乳液中将相物质-水替换为丙三醇溶液,微乳液会具有一定程度的保湿性。

配置 4 种微乳液各 200mL,另取去离子水 200mL 作为对照组。为了保证试件具有良好的各向同性,本实验采用型煤作为研究对象,将配置好的煤粉在压力机下以 100MPa 的压力保持 24h 后取出,型煤材料成分配比与表 7-2 中配比相同。型煤在养护 28 天后通过切割、打磨等方式将其分为若干质量较小的试件,从中选取 5 个质量、体积相近的试件标号为 0#、1#、2#、3#、4#。

7.3.2 实验过程

在型煤试件制作过程中需要水作为黏结剂之一,因此制作后的型煤试件本身含有部分水分,需要对试件进行干燥处理。标记好的试件放置在真空干燥箱中,以 80℃的环境温度干燥 24h,确保实验结果不受型煤试件初始水分含量的影响。干燥后的型煤试件分别进行称重,得到干燥后型煤试件的初始质量分别为 12.619g、11.313g、12.132g、13.372g、14.218g。

将标号为 0#、1#、2#、3#、4#的型煤试件分别放入事先准备好的水、1#、2#、3#、4#五种润湿剂中,并在真空环境下浸泡 24h,使润湿剂最大限度地润湿型煤试样。浸泡后的试样擦干表面残留润湿剂并分别称重,得到各种润湿剂完全润湿后型煤试件的质量,进而可以计算出完全润湿后型煤试件的含水率。浸泡后各试样含水率分别为 9.03%、10.57%、9.90%、10.66%、10.52%,平均含水率约为 10.14%,最大误差率小于 11%,试样均可视为完全润湿。将完全润湿后的试样放入 40℃烘干箱中模拟煤矿井下实际开采时的工作温度,并每隔 2h 分别称量其各型煤试件的重量及变化并记录,操作过程如图 7-19 所示。

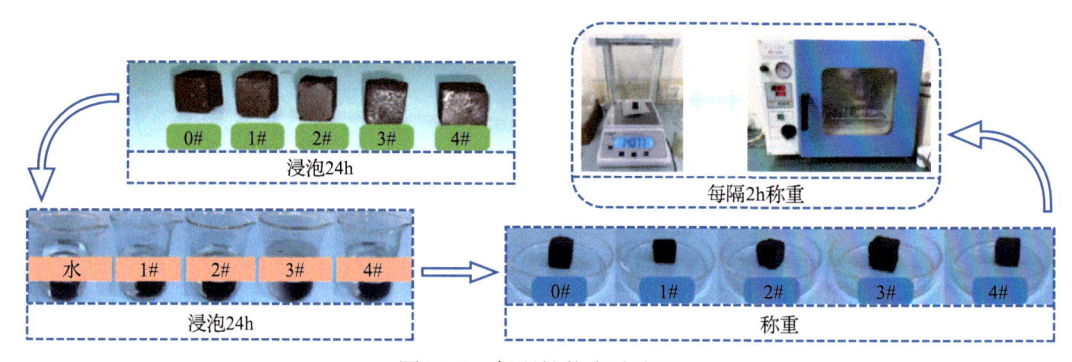

图 7-19 保湿性能实验流程

7.3.3 实验结果及分析

为了探究微乳液中相物质的变化对煤体保湿性能的影响,将 5 块体积、质量相近的试件分别放入 5 种润湿剂中充分浸泡,使其完全浸湿,然后放入烘干箱中,在不同时间内煤体质量变化如表 7-5 所示。

表 7-5 不同润湿剂处理前后煤样质量随烘干时间的变化

润湿剂	干燥后的质量(初始质量)/g	完全浸湿后的质量/g	烘干 2h 后的质量/g	烘干 4h 后的质量/g	烘干 6h 后的质量/g	烘干 8h 后的质量/g	烘干 10h 后的质量/g
水	12.619	13.758	13.233	13.051	12.980	12.944	12.921
1#	11.313	12.509	12.000	11.802	11.722	11.667	11.628
2#	12.132	13.333	13.168	13.055	12.974	12.905	12.853
3#	13.372	14.797	14.077	13.832	13.732	13.674	13.637
4#	14.218	15.715	15.519	15.400	15.235	15.235	12.180

本节通过不同润湿剂完全浸湿后试样保水率的变化反映各润湿剂保湿性质的强弱,定量研究微乳液相物质成分对煤体保湿性能的影响,保水率 w 可通过式(7-2)进行计算。

$$w_i = \frac{m_i - m_1}{m_2 - m_1} \times 100\% \tag{7-2}$$

其中,m_i 为烘干 i 小时后试件的质量;m_1 为煤样的初始质量;m_2 为煤样完全浸湿后的质量。

或许是由于试件之间的微小差异被润湿剂处理后煤体的保水性能所覆盖,即在本实验中试件间的差异可以忽略不计。

试件在经过水、1#和 3#润湿剂处理后保水率下降规律基本一致,在烘干 2h 后保水率急剧下降到 50%左右,之后随着烘干时间的延长保水率降低幅度减缓,并在烘干 10h 后含水率降低到 27%以下,试样干燥后 10h 内平均每小时保水率下降幅度分别为 7.349%、7.508%和 8.14%。其中,经过 1#和 3#微乳液浸湿后的试件含水率比经过水浸湿后的试件下降程度更大,主要是由于微乳液中含有的煤油和乙醇成分具有一定的挥发性,因此在微乳液中水分散失的同时还应考虑煤油和乙醇成分的挥发对试件整体保湿性能产生的影响。

从保湿效果上看,煤油和乙醇成分在试件干燥前期影响较小,几乎不影响试件整体水分流失过程,但在干燥后期,煤油和乙醇的挥发对试件中微乳液含量影响逐渐明显,主要表现在:1#和 3#微乳液浸湿后的试件从干燥 6h 之后单位时间内含水量的降低幅度快于以水作为润湿剂的对照组,即 1#和 3#微乳液浸湿后试样在干燥 6h 后单位时间内保湿能力的降低速率快于以水作为润湿剂的对照组。为深入探究微乳液挥发性对保湿性能的影响,分别计算并统计 5 种润湿剂浸湿后在干燥环境中保湿性能下降速率随时间的变化,如图 7-20 所示。

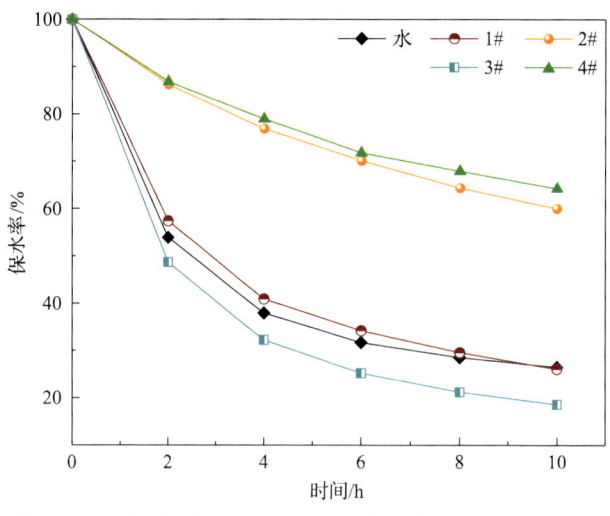

图 7-20 不同润湿剂完全浸湿后试样保水率随时间的变化

试件在经过 2#与 4#润湿剂完全浸湿后保湿性能明显高于其他润湿剂，并且在干燥 10h 后保水率仍在 60%以上，平均每小时保水率下降幅度分别为 3.997%和 3.574%。从干燥过程中试样内部保水率变化规律来看，2#与 4#润湿剂的保湿效果远好于其他润湿剂，这与 2#与 4#润湿剂中的丙三醇成分密不可分，2#与 4#润湿剂中丙三醇成分的加入大大提高了微乳液在煤体中的保湿性能，丙三醇溶液保湿、吸湿的能力有效地继承到以 2#与 4#润湿剂为例的丙三醇微乳液中。

图 7-21 为不同润湿剂润湿煤体后，单位时间内试件中润湿剂保水率降低速率。保水率降低速率(v_i)的计算公式为

$$v_i = \frac{|w_i - w_{i-2}|}{w_{i-2}} \times 100\% \tag{7-3}$$

其中，w_i 为烘干第 i 小时试样的保水率。

从图 7-21 可以看出，试件中水分流失最快的时间在 2h 以内，尤其是水、1#和 3#溶液作为润湿剂时，降低速率最快。3#微乳液在浸湿后 2h 内试件的保水率降低速率最快，达到 51.36%，水和 1#微乳液的保水率降低速率紧随其后，分别达到 46.09%和 42.56%。随着时间的延长，试件保水率的降低速率均出现不同程度的减小。水作为润湿剂的试件随时间延长保水率降低速率逐渐变慢。1#微乳液在前 6h 内保水率降低速率均略慢于水，6h 左右的 1#微乳液保水率降低速率接近水的降低速率，在之后的 4h 内 1#微乳液保水率降低速率明显快于水溶液，3#微乳液亦有此趋势。结合图 7-21 中 1#、3#微乳液保水率的变化可以推测在干燥 6h 左右时，随着试件中水分的减少，微乳液小液珠结构形态裂解，包裹在煤油分子周围、在表面活性剂与助表面活性剂共同形成的"水膜"逐渐薄弱，最终与煤油分子脱离。脱离"水膜"包裹的煤油分子和"水膜"中的表面活性剂成分——乙醇均具有一定程度的挥发性，这在一定程度上加速了干燥环境中微乳液在干燥后期保水率的降低速率。

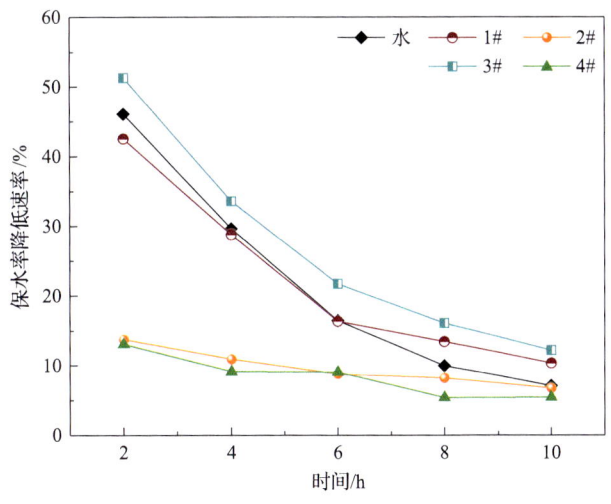

图 7-21　单位时间内不同润湿剂完全浸湿后保水率降低速率

含有丙三醇成分的 2#微乳液与 4#微乳液在 2h 内保水率降低速率均在 15%以下，并且随着时间的延长，保水率降低速率能维持在较低水平。丙三醇良好的保湿能力抑制微乳液中水分的流失，维持微乳液中各相物质成分含量的稳定，避免因相物质——水的流失而造成微乳液分子结构的破坏，减少煤油分子与"水膜"中乙醇的分层与脱离，有效地避免了微乳液因温度变化而产生的功能失效。

丙三醇微乳液不仅在干燥环境中的初始状态就保持良好的保湿性，还能有效抑制保湿能力的衰减，维持煤体润湿状态。试样表层水分直接暴露于空气中或经过表层煤体试件孔裂隙联通外界，在干燥的环境中水分迅速挥发，试样深层的水分经过煤体复杂、闭合的孔裂隙保护，水分挥发速率降低。2#微乳液与 4#微乳液在一开始就表现出良好的保湿能力，虽然试件表层水分暴露在空气中，但丙三醇良好的保湿能力锁住水分子，防止水分散逸至空气中，并且随着时间的延长，含有丙三醇的微乳液保湿能力衰减下降缓慢，说明随着时间的延长，试件表层水分流失速率基本稳定，保湿能力衰减程度能维持在较低的水平，而试件深层水分则很少流失。

由此可见，丙三醇作为相物质加入微乳液中不仅可以促进煤层渗流、润湿过程，还能明显提高煤体保湿能力，且保湿能力远大于表面活性剂成分的水合作用，最大限度地保障了注水煤体的润湿效果，提高了煤层整体含水率，并能在开采过程中减少煤体摩擦产生的粉尘，从源头上抑制粉尘的产生。

丙三醇在微乳液中的保水作用可以简化为丙三醇分子与水分子的作用关系。丙三醇是一种吸湿的多羟基化合物，羟基与水分子容易形成氢键。如图 7-22 所示，丙三醇分子上的—OH 通过交联作用与水分子中的 H 形成 —O(H)⋯HOH⋯，这使得丙三醇分子与水分子之间存在一定的结构稳定性，水分子因 —O(H)⋯HOH⋯ 的约束而不容易受外界因素流失。因此相对于以水作为相物质的微乳液，丙三醇微乳液不仅能在一定程度上提高微乳液的润湿性，还能在注入煤体后有效结合水分子形成结合能较高的氢键，减少开采过程中煤体表面水分的流失，延长水与煤体的接触时间，增加煤体捕捉粉尘的作用时间，具有良好的保湿性与抑尘性。

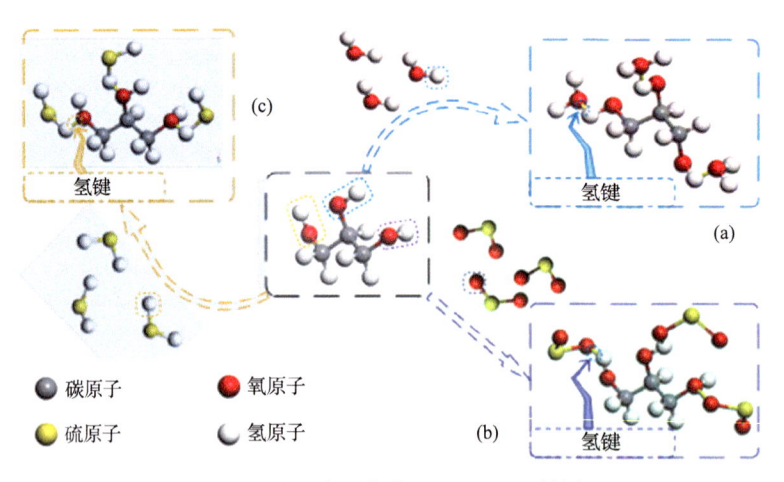

图 7-22　丙三醇吸收水、SO_2、H_2S 的原理

此外，丙三醇分子还可以吸收煤层气中的 SO_2、H_2S 等气体。吸收原理与水分子类似，如图 7-22 所示，丙三醇分子容易与空气中的 SO_2、H_2S 形成结合能较高的氢键。丙三醇分子上的—OH 结构易与 SO_2 中的氧原子相互作用形成 —OH⋯O＝S，结合能为 11.3kJ/mol，这使得丙三醇分子与 SO_2 之间存在一定的结构稳定性，从而为丙三醇微乳液吸收煤层气中微量 SO_2 提供可能性。H_2S 中的 H 容易与丙三醇分子中的—OH 相互作用形成 —O(H)⋯HSH⋯，这使得丙三醇分子与 H_2S 之间存在一定的结构稳定性，从而为丙三醇微乳液吸收煤层气中微量 H_2S 提供可能性。总而言之，丙三醇微乳液在一定程度上能增强注水煤体润湿程度，并能够吸收一定量的有害气体，对煤层的绿色开采有一定的促进作用。

参 考 文 献

[1] 杨芬. 微乳液的制备及其在微细矿物分离中的应用研究[D]. 深圳: 哈尔滨工业大学(深圳), 2020.

[2] da Araújo C R B, da Silva D C, Arruda G M, et al. Removal of oil from sandstone rocks by solid-liquid extraction using oil phase-free microemulsion systems[J]. Journal of Environmental Chemical Engineering, 2021, 9(1): 104868.

[3] Wang J, Li W T, Zhao K S. Effects of ionic liquids on microstructure and thermal stability of microemulsions by broadband dielectric spectroscopy[J]. Colloids and Surfaces A: Physicochemical and Engineering Aspects, 2020, 610: 125739.

[4] Shafiee Najafi S A, Kamranfar P, Madani M, et al. Experimental and theoretical investigation of CTAB microemulsion viscosity in the chemical enhanced oil recovery process[J]. Journal of Molecular Liquids, 2017, 232: 382-389.

[5] Pei H, Shan J, Cao X, et al. Research progresses on nanoparticle-stabilized emulsions for enhanced oil recovery[J]. Fuel, 2021, 35(13): 13227-13231.

[6] Kumar A, Saw R K, Mandal A, et al. RSM optimization of oil-in-water microemulsion stabilized by synthesized zwitterionic surfactant and its properties evaluation for application in enhanced oil recovery[J]. Chemical Engineering Research and Design, 2019, 147: 399-411.

[7] Baxamusa S, Ehrmann P, Ong J. Acoustic activation of water-in-oil microemulsions for controlled salt dissolution[J]. Journal of Colloid and Interface Science, 2018, 529: 366-374.

[8] Ridley R E, Fathi-Kelly H, Kell J P, et al. Predicting the size of salt-containing aqueous Na-AOT reverse micellar water-in-oil microemulsions with consideration for specific ion effects[J]. Journal of Colloid and Interface Science, 2021, 586: 830-835.

[9] 裴渊超, 牛亚娟, 张婉军, 等. 离子液体微乳液研究进展[J]. 中国科学: 化学, 2020, 50(2): 211-222.

[10] Buyuktimkin T. Apparent molal volumes and hydration numbers from viscosity studies for microemulsions with a nonionic surfactant derived from castor oil and a series of polar oils[J]. Colloids and Surfaces A: Physicochemical and Engineering Aspects, 2020, 603: 125244.

[11] Buyuktimkin T. Water titration studies on microemulsions with a nonionic surfactant derived from castor oil and a series of polar oils[J]. Journal of Drug Delivery Science and Technology, 2020, 56: 101521.

[12] 马国艳, 李小瑞, 曾立祥, 等. 反相微乳液型疏水缔合共聚物溶液性质[J]. 高分子通报, 2019, (7): 37-43.

[13] Xue J, Li H L, Liu J X, et al. Facile synthesis of silver sulfide quantum dots by one pot reverse microemulsion under ambient temperature[J]. Materials Letters, 2019, 242: 143-146.

[14] Vladisavljević G T. Preparation of microemulsions and nanoemulsions by membrane emulsification[J]. Colloids and Surfaces A: Physicochemical and Engineering Aspects, 2019, 579: 123709.